活成
自己的女王

百岁女王给全世界年轻人的
23条人生智慧

LONG LIVE
THE QUEEN

[英]布赖恩·科兹洛夫斯基 著

尹晓虹 译

民主与建设出版社
·北京·

© 民主与建设出版社，2022

图书在版编目（CIP）数据

活成自己的女王 / （英）布赖恩·科兹洛夫斯基著；
尹晓虹译 . -- 北京：民主与建设出版社，2022.12
书名原文：Long Live the Queen：23 Rules for
Living from Britain's Longest-Reigning Monarch
ISBN 978-7-5139-4086-3

Ⅰ . ①活… Ⅱ . ①布… ②尹… Ⅲ . ①女性 - 成功心
理 - 通俗读物 Ⅳ . ① B848.4-49

中国国家版本馆 CIP 数据核字 (2023) 第 018472 号

Long Live the Queen
Originally published by Turner Publishing Company，LLC
Copyright:©2020 Bryan Kozlowski
All rights reserved.

The simplified Chinese translation rights arranged through Rightol Media
（本书中文简体版权经由锐拓传媒取得　Email：copyright@rightol.com）

北京市版权局著作权合同登记号：01-2022-7020

活成自己的女王
HUOCHENG ZIJI DE NÜWANG

著　者	[英]布赖恩·科兹洛夫斯基	
译　者	尹晓虹	
责任编辑	刘　芳	
封面设计	柒拾叁号	
出版发行	民主与建设出版社有限责任公司	
电　话	（010）59417747　59419778	
社　址	北京市海淀区西三环中路 10 号望海楼 E 座 7 层	
邮　编	100142	
印　刷	唐山富达印务有限公司	
版　次	2022 年 12 月第 1 版	
印　次	2022 年 12 月第 1 次印刷	
开　本	690 毫米 ×980 毫米　　1/16	
印　张	16	
字　数	135 千字	
书　号	ISBN 978-7-5139-4086-3	
定　价	49.80 元	

注：如有印、装质量问题，请与出版社联系。

你说"如果你真是个女王"是什么意思？

你有什么权利称自己为女王？

你知道吗？如果没有经过合适的考验，你就不是个女王。

而越早开始考验就越好。

——刘易斯·卡罗尔（Lewis Carroll）《爱丽丝镜中奇遇记》

引 言

温莎王室的白魔法

在我看来，有些人像海狮爱吃鱼一样对王室生活爱慕不已。

——伊丽莎白二世的外祖母 斯特拉斯莫尔伯爵夫人

当时我并没有想记下来这些特别的感受，也没有想过这会如何改变我接下来的生活。所有这一切的开始显得那么梦幻。现在回头想想，那时候的感觉就像天真的新人在加入社团时感受到那种猝不及防的致幻快感一样，在我半梦半醒之间，突然攫住了我。

我记得那是 2011 年 4 月 29 日的凌晨，那天正是威廉王子和凯特·米德尔顿（Catherine Middleton）的大婚之日。我在黑暗中打开了电视，瞬间就被屏幕上那不断疯狂挥舞的英国国旗闪到了双眼。我不知道自己为什么会在这个时间醒来，不过可以肯定的是，这并不是出于我对英国王室的追捧。当时我还对英国王室将"世纪婚礼"安排在早上这事有些埋怨，他们显然没有将大洋彼岸的美国人民——他们的前殖民地居民考虑在内。

当时的我面对英国皇家仪式的兴奋程度，就像是在高峰期的高速公路上通勤时偶尔瞥见彩虹一样——当这些触不可及的景象出现时，我只要远远看着就满足了。在这场隆重的皇家婚礼面前，我只不过是一个普通的观众。看着这场传统的、华丽的，也许还有些可笑的壮观场面，当欢闹结束之后，我只想立刻爬回被窝。我并不是伊丽莎白二世的外祖母斯特拉斯莫尔伯爵夫人所说的那种皇家狂热粉丝。但与我预料的不同，这场皇家婚礼对我产生了巨大影响。

随着黎明的到来，随着教堂唱诗班少年们开始清唱，随着小号响起，也随着教堂长椅上那些戴着纱网帽的女士们愉快地点着头，一种不可思议的感觉袭来。听起来像是个古怪的德鲁伊特（古代凯尔特人的祭司）在说话一样，不过那天早上的威斯敏斯特教堂就像是个不断输出快感的电源，成为全球快感的源头，而我则被注入了能量。天啊！我觉得自己更加有生气了，简直能把所有自己想要做的事情都做完。我甚至尝试了一下平时想都不敢想的侧手翻来庆祝这个时刻。但我当时并没有对这一经历做任何分析，以为这只是看电视直播所带来的兴奋感罢了。（当时我确实没有将两件事联系起来。好吧，也许我真的要多出去走走才行。）

要不是多年之后在网飞（Netflix）看到电视剧《王冠》的首映集，这个经历可能就会完全被我遗忘在脑后了。观看《王冠》时我又体验到了威廉王子和凯特王妃大婚当天的感受，那是一种对提升自我的极度渴求。克莱尔·福伊（Claire Foy）演绎的伊丽莎白二世有一种感染力。第一集还没看完，我就已经站得笔直，保持着一种更为得体端庄的仪态，但放弃了模仿女王那种字正腔圆的发音（其实还在试着模仿）。显然，仅仅是迷你剧中所展示的王室威严也足以让我显现出更好的、更为优雅的一面。我觉得只可能有两种解释，要么我就是一个走失的王室成员，显露出了天然的贵族气质（我不介意做安娜斯塔西娅的远房表亲）；又或者，我内心其实是一个王室痴迷者。

*

最终看来，这不仅仅是我个人的感受。写完这本书之后，我发现这是一种普遍现象，不仅无意间影响了我，也曾经影响了无数人。古希腊人为这一概念创造了一个意义十分相近的词——至善至美（kalokagathia），代表着一个人向往优雅及美丽的理想状态，这通常被视为名门贵族与生俱来的品质，让平民们产生了对于优秀品质的追求。目睹了优秀而美好的事物后，我们会更加追求卓越。换句话说，王室魅力确实会影响到其民众。更为神奇的是，英国王室是目前世界上为数不多的王室之一，人们可以从他们的身上观察和体验到这种气质。

王室研究者杰里米·帕克斯曼（Jeremy Paxman）将其称为王权的"良性影响"。这会让那些平日里玩世不恭的人在面对女王时不自觉地行屈膝礼，也会让人们在自家电视上看到女王时立刻站得笔直。凭借电影《女王》而获得奥斯卡奖项的海伦·米伦（Helen Mirren）就曾有过这样的感觉。她从小在对君主王权带有反感的环境中长大，米伦承认她之前"对王室只有一种类似于对朋克摇滚乐队那样的态度"，她解释说："我对王室没有兴趣。"但在荧幕上扮演伊丽莎白二世这件事改变了她的想法，她渐渐变成了一个"女王狂粉"。在奥斯卡颁奖之夜，她在一群一脸茫然的美国人面前，不加掩饰地大声喊出了对伊丽莎白二世的赞美。"我简直爱上她了。"米伦说。

王室粉丝和那些对王室嗤之以鼻的人这几十年来都在尝试寻找这背后的原因——为什么英国王室能产生如此了不起的影响力？毕竟现在的王权

掌握在一位身高一米六、没有任何政治实权、谦逊的老奶奶手里。很多人认为，原因就在于尽管英国的王室不需经过选举产生，但王室比我们所想的更具普遍代表意义，我们能在其中看到自身。正如作家丽贝卡·韦斯特（Rebecca West）曾说过的那句名言一样，这威仪的王权让我们看到了"放大版的自己……一个举止得体的更好的自己"。这种观点和1936年《泰晤士报》的描述不谋而合："女王成了这个社会方方面面的代表，她的子民通过她看到了更为理想化的自己。"作为电视剧《王冠》的历史顾问，罗伯特·莱西（Robert Lacey）说，王权让我们能够一瞥"普通人的辉煌一面[①]"。

毫无疑问，阶级制度在不断演进，但这种模仿的冲动却是根深蒂固的。比如，媒体十分惊讶地发现，隆重的王室庆典当前，犯罪率通常会走低。1953年，伦敦的各大报纸曾预测，伊丽莎白二世女王加冕日当天，失窃案的数量将剧增。没人知道当3万人摩肩接踵观看仪式时会发生什么意外。到头来，大家都表现得不错。仪式当天，失窃案数量大幅减少了。20世纪80年代，这一现象再次出现。查尔斯王子和戴安娜王妃婚礼当天调配了大量的警力做准备，但并没有意外发生。"在王室庆典当天，犯罪率总会神奇地降到十分低的程度，而不是像人们想象的那样大幅增加。"传记作家伊丽莎白·朗福德（Elizabeth Longford）这样写道。她将这种"普遍的文明现象"归因于"王室本身"。

小孩子们也是如此。

---

① 这进一步解释了为什么一些非关键的王室成员出现行为不端的情况时，也会让人大跌眼镜。按理说，我们不应该这么在乎，但我们之所以在乎，就是因为他们实际上代表了我们。王室历史学家威廉·肖克罗斯（William Shawcross）说："王室成员所表现出的行为失当，正是我们所不想看到的人性一面。"

研究人员询问了一群伦敦学龄儿童，如果女王来访，他们会怎么做。一个名叫保尔·皮金立的男孩说，要把家里布置得特别好。他会收拾好床，把地扫干净，还要给房子上一层新漆，把碗碟洗干净。为了以防万一，"我还要多交些电费，省得在吃晚饭的时候突然断电……"这种能鼓舞人们不断向善的能力，也许只能在童话书中找到。一位家庭主妇十分敏锐地观察到，在1953年的加冕仪式当天，那种激动人心的感受就是如此。她说，驱动这一切的不亚于"白魔法"。

英国王室对于民众的这种魔力——真正让民众变好，其实是有历史渊源的。在过去的数百年间，忠诚的英国老百姓们成群结队地站在威斯敏斯特教堂外，急切渴望着"君主之抚"，并且坚定地认为君主的轻轻一摸就能让他们免受疾病缠身之苦[①]。17世纪的英国君主查理二世曾是一个不知疲倦的抚摸机器，在位期间，他曾抚摸过9万多人。显然，为了能献出"君主之抚"以及履行其他义务，在位者也应保持健康的体魄。因此在公众的眼里，国王或女王的健康状况和国运是象征性地联系在一起的，如今这种联系仍存在。可以称得上是英国国歌的《天佑女王》中，英语"佑"这一词源于拉丁语"健康的"（salvus），这首歌就成了名副其实的祈求君主健康及国力昌盛的祝祷。

这种君主和国家共兴衰的关系在举国欢庆的日子表现得最为明显。当英国人民庆祝盛典的时候，并不会聚集在政府大楼外，也不会聚集在英国首相府邸外，而是会聚集在英国君主的正式寝宫——白金汉宫。英国前首相温斯顿·丘吉尔（Winston Churchill）曾这样说："我们输掉了一场大

---

① 《指环王》小说的读者可能会发现，托尔金笔下的主人公阿拉贡国王拥有疗愈能力的设定可能就出自这里。在诊疗院里治好法拉墨、伊欧玟和梅里之后，阿拉贡成为人们眼中刚铎王国的不二统治者，印证了"国王之手拥有疗愈之力"这一预言。

战——议会掌控了政府；我们又赢得了一场大战，那就是人们为女王而欢呼。"

*

可以这样说，细数英国历史上的历任君主，伊丽莎白二世是对这一职责理解得最为透彻并履行得最为成功的一任君主。1953 年，《泰晤士报》曾这样评论她："她就是社会的方方面面，她代表着子民的全部。"在位的 70 年间，伊丽莎白二世从来没有动摇过这一信念。无论是握手的方式，还是下午茶的茶温，女王日常中的一切都是为了更好地延长生命。传记作家克雷格·布朗（Craig Brown）曾这样形容，"她在这方面天赋异禀，有着伊芙琳·沃（Evelyn Waugh）所称的那种'极为敏锐的、近乎狡猾的自保本能'"。女王在长寿的道路上越走越远，足以见得她有着不俗的保养能力。2015 年，伊丽莎白二世打破了君主的在位时长纪录，她一举超过自己的高曾祖母维多利亚女王，成为英国历史上在位时间最长的君主。她已经"熬"走了 13 位首相，赶上了乔治三世那似乎无法企及的纪录，也因此让查尔斯王子被冠上了一个名号：英国历史上等待继位时间最长的王储。

然而与其他生活在现代的王室成员不同，伊丽莎白二世打破纪录的秘诀并不是什么生活顾问、健康教练、私教或是心理治疗师。按她自己的话说，她只是从小就为此"受训"了。她在赞许一位勇气可嘉的士兵时曾这样说："只要训练得当，一切就都不在话下。希望我已经准备好了。"在英国某一个特定的时期，那个与现今大相径庭的社会背景下，女王经历了这种训练。那个时代的人们在生活方式、工作方式、饮食方式以及表达情感的方式上，都与现在的我们有很大不同。对于编剧阿兰·本奈特来说，女王就是一本记录了那个飞逝的过去的"活档案"，她就是那个时代最后一批忠实代表。在面对人生的苦难和欢愉时，他们总会带着一股勇气做出正确的决策。女王在重大场合会穿上那件蓝色缎面斗篷，斗篷上文着圣乔治大十字勋章，正如勋章的格言一样，女王本身就是"憧憬更美好未来"（Auspicium Melioris Aevi）的象征。

　　就连女王的批评者也不能无视她日积月累的智慧。为纪念女王80岁生日，很少向着英国王室的《卫报》也不得不承认女王的过人之处："她在国家元首这一要求极高的职位上工作了半个世纪，几乎没有犯过错……按一般标准来讲，能够保持高人气并避免犯错，伊丽莎白·温莎尽管不是政界人士，却堪称现代最为成功的政客之一。"难怪威廉王子越来越多地将女王作为自己的标杆。为了将来接过女王的衣钵，威廉王子曾经打趣地说，十分想要一本有关祖母超凡生活的口袋指南。他说，这样"就能将她所有的经历和智慧放在小盒子里，时常拿出来参阅"。

＊

　　我希望这本书多少能够成为那个"小盒子"，也就是能让你自己升级为女王2.0的用户手册。本书将对伊丽莎白二世在位期间所涉及的习惯、应对技巧及其所遵循的传统做出介绍，探究其脱颖于过去及现代王室成员的原因，解释其工作对其长寿的作用。总的来说，按照尊敬的奎恩·拉提法（Queen Latifah）的说法，我们要研究一下"女王生涯"的内部机理。另外，由于白金汉宫是个讲规矩的地方，本书内容也将被浓缩为一系列简洁的法则。我最终总结出了23条，也许有人还能总结出更多。

　　更重要的是，这23条法则不只是为了让人们从理论上远观，即便是像我一样的普通人，也可以在日常生活中加以利用。毕竟，女王要起的就是模范作用。正如伊丽莎白二世在位期间的首位坎特伯雷大主教所讲，女王之所以被受膏，就是为了引领她的子民"到他们应该去的地方"。

不过有一点，我要简单说明一下……

这本书可不是让你颐指气使，也不是让你变得盛气凌人。如果你在朋友和家人面前开始模仿伊丽莎白·泰勒（Elizabeth Taylor）在《埃及艳后》电影中所饰演的克里奥帕特拉七世——"在王位面前，你只能以恳求者的姿态出现——给我跪下。"那只能说你搞错了。与之相反，要到达社会金字塔的塔尖，要模仿那些被人们称为"殿下"和"陛下"的人，就是要尝试理解这些实则最讲实用主义、最脚踏实地的人们。海伦·米伦真的在几个月中一直模仿着女王的一举一动，她在自传《镜头前的我》中正好写到了这种感受：

> 不知怎的，也许是因为我花了几个小时观摩录像，也许仅仅因为我身着的那套服装，我开始学着像伊丽莎白二世一样走路，开始学着像她一样思考。我发现，这是一种极为舒适的状态……从那时起，我就爱上了这些服饰和鞋子，爱上了这个角色。在我的心中，这个角色就是一个深沉又能掌控大局的潜艇船长，还带着些许朴素……我之前从来没有演过像伊丽莎白二世这样令我感到舒适的角色。

可能很难想象，一个君主怎么能做到如此平易近人，还有着影响他人的能力。可以称其为"良性影响"，也可以称之为"白魔法"。女王本人在很早之前就意识到了，她和我们中的每个人都有可能产生共鸣。伊丽莎白二世曾在自己的首个圣诞节致辞中这样说："我想证明的是，王权并不仅仅是英联邦一个抽象的符号，而是你我之间更具人情味儿的、活生生的联系。"几年前，在我穿着睡衣观看那场皇家婚礼的时候，就感受到了这种联系。我又想到了那个最能激起我共鸣的，也是我最喜欢的王室故事。很多年之前，伊丽莎白二世的父亲乔治六世和玛格丽特公主之间有过一小段对话，玛格丽特公主十分敏锐地向国王问道："爸爸，你在唱《天佑国王》（伊丽莎白二世登基后改为《天佑女王》）的时候，会唱成'天佑我自己'吗？"对此，乔治六世不禁大笑，他在之后的一生中都记得这个片段。

我们和君王之间这种活生生的联系会让我们脱口问出同样精彩的问题，我们也可以像王室一样为自己唱赞歌。伊丽莎白二世在过去70年间都做出了榜样，为了整个国家、所有子民以及历史悠久的王室家族，她将自己的身体和精神状态像国宝一样保养起来。现在，我们是时候从她辉煌的经历中略学一二了（23条法则）。

目录

1

2

第一章

女王的饮食法则

我会时不时地解释一下，我们只在特殊场合这样；并不是一直如此。

——关于金质餐具只用于国宴这件事，女王这样说

"禁止拍女王用餐的照片。"这是每一位初次进入白金汉宫的摄影师所听到的第一条禁令。这显然像极了大革命前的法国。在英国,人们对观察君主用餐的样子并没有什么兴趣。查理一世被斩首后,英国似乎逐渐对这种宫廷排场丧失了兴趣——但也并非全无兴趣。实际上,参加白金汉宫宴请的宾客多少还是会偷偷观察王室成员。就算不管拍摄禁令,要想在白金汉宫享受盛宴,也要时刻关注着女王的一举一动。

　　那些庄重的宫廷礼节显示了伊丽莎白二世在用餐时的绝对权威。女王有一项鲜为人知的特权,她可以随时放下自己的刀叉,而这又决定着宾客们到底可以吃多少。无论宾客是否用餐完毕,只要女王放下刀叉,侍从们就会手脚麻利地清光每个人的餐盘。维多利亚女王极其看重这一传统,可谓严格之至。而伊丽莎白二世的父皇乔治六世则坚持将这项传统延续到了20世纪——要是国王只吃一口,那么谁都别想吃到第二口。

　　尽管伊丽莎白二世在其他场合逐渐放松了这项传统,但这依旧是国宴的基本传统。英国王室前御用厨师达伦·麦格雷迪(Darren McGrady)解释说,看到女王放下刀叉后,敏锐的男侍从会在女王身后按下手上的遥控装置,朝御膳房射出绿光,示意传下一道菜。麦格雷迪说:"就算你还没吃完，这道菜也会被撤掉。"所以，对那些了解这一情况的宫廷侍从（以及想多吃几口盘中美餐的人）来说，暗中观察女王的进食节奏，才是正确的进食方式。借用科学研究领域的一个词，伊丽莎白二世才是真正的"先导者"，影响着身边人的饮食。

当然，先导者并非白金汉宫独有，日常生活中随处可见他们的身影。我们的家人、同事、朋友都会对我们的饮食习惯形成潜移默化的影响。在他们的影响下，我们在点餐时可能会点沙拉，也可能会点大份薯条，所以在选择先导者的时候，要审慎而行。就我个人而言，我觉得女王的饮食习惯是最值得效仿的。

美食的诱惑摧毁了多任英国君主的健康，而这种诱惑也常伴女王左右，而她却用看似无尽的意志力抵御了这种诱惑。在巴尔莫勒尔堡拜见过女王的人都说，那个地方充满了美食的诱惑。英国前首相托尼·布莱尔（Tony Blair）说："如果毫无节制，那在一个周末里长胖 6 公斤不成问题。"而女王多年来则一直保持着娇小的身材。经历过战争年代的她对下一顿饭没有太多想法，但她也绝不会放弃每天最爱吃的那几样。简而言之，女王的餐桌代表了所有节食者的梦想，记者雷切尔·库克（Rachel Cooke）将其称为"放纵和节制的奇怪组合"，认为这"基本就是王室成员的饮食风格"。

不得不说，那些仅从普通的饮食角度看待食物的人很难理解这种奇怪的组合，也曾有大量的笔墨分析女王的饮食秘诀。如果真的有秘诀，那也并非特别的饮食方案（像自己长寿的母亲一样，女王本身对节食不感兴趣），而是一系列女王始终贯彻的小策略起到了很大的作用。"理性的思考始于饮食。"101 岁寿终的女王母亲曾如是说。对每日忙于接见外宾和操持英联邦事务的女王来说，"吃什么"这个问题可能是她最不在意的，但她独特的饮食态度毫无疑问地支撑着她的日理万机。第一条法则就是……

法则一：不要带着情绪用餐

中产阶级中的"美食家"一般也没有比普通人高明到哪里去……看着他们高人一等的蔑视，有时真让人向往之前那个还没有所谓美食家的时代，那时高阶层的人认为对端上来的食物指指点点是种粗鄙的行为。

——凯特·福克斯观察英国人后如是说

这本来能成为一条爆炸性新闻。2003 年，一个来自《每日镜报》的记者混入了白金汉宫的内部。他假装成男仆游荡在白金汉宫的走廊里，偷听王室成员的对话，还在这世上最为隐私的家族内部四处拍照。这可是所有狗仔们最梦寐以求的工作。可以想象这个堪称可以夺得普利策奖的新闻头条出现的时候，人们是多么惊讶。先别管皇宫出现重大安全纰漏这件事了，整篇文章所披露的最令人惊讶的事情其实是件鸡毛蒜皮的小事。这个假装成男仆的记者拍了一张模糊的照片，显示端给女王的早餐麦片并没有盛在精致的瓷器中，也没有盛在闪亮的水晶碗里，而是（爆炸性新闻来了）塑料保鲜盒里。

这下好了，媒体对于王室生活琐事的痴迷程度达到了前所未有的高度。尽管这看起来有些不靠谱，尽管为王室服务的工作人员竭尽全力地说明情况（女王陛下从来不会使用"能嘣的一声弹开"的塑料器具吃饭），但大众还是对这个故事印象颇深，不是因为惊诧，而是因为得到了证实而放心。毕竟，女王的大部分臣民们在过去的70年间都没有见过女王改变发型。他们知道女王喜欢穿舒适的鞋子，戴不是那么时髦的围巾。他们从小就听说过这样一个传言，女王会在白金汉宫中走来走去，为了省电到处关灯；用可以反复密封的便宜塑料盒吃早餐麦片这件事，似乎十分符合女王的风格：在饮食方面，女王是一个从不挑剔的普通人。人们想得没错。

女王从小就保持着十分朴素的饮食习惯。"她从不挑剔食物，"一位白金汉宫的官员曾对传记作家萨利·比德尔·史密斯（Sally Bedell Smith）这样说，"对她而言，食物只不过是能量来源。"

这种态度对宫廷生活产生了略具讽刺意味的影响，女王往往吃得还没有自己的仆人精致。比如，伊丽莎白二世和菲利普亲王刚结婚的那几年，简单的菜肴对他们来说就足够了：冷切肉配沙拉，或是香肠配土豆泥。但这种粗茶淡饭却满足不了楼下的仆人们。当时在皇宫工作的一位男仆说："也许皇家成员对这类粗茶淡饭没有意见，但工作人员们显然觉得这种菜品不行。"他们觉得，要是晚餐不来上三道主菜，或者黄昏时吃不上正式茶点，就觉得自己的权利受到了侵犯。

然而女王就是不喜欢新的味蕾体验，女王的私人大厨们很快发现了这一点。做过几年皇家御厨的达伦·麦格雷迪曾称，他曾经建议女王添加一道时髦新菜，名为"半遮面的农夫女儿"。"女王送回来一张纸条，"麦格雷迪回忆说，"纸条上写着：'半遮面的农夫女儿'到底是什么？"

更不用说，受邀在巴尔莫勒尔堡参见女王的政客们本想来一顿米其林星级餐厅般的极致味蕾体验，最后却大失所望。他们"本期待着一场盛宴"，新闻工作者杰里米·帕克斯曼这样说，但只吃到了"各式各样的烧烤，菲利普亲王亲自上场烤排骨和香肠"。对那些想要美味盛宴的人来说，英国王室一直在这方面有些蹩脚（也就是"品位低得可笑"）。一位宾客曾抱怨女王的国宴不够好，女王不由得评论说："人们来这儿不是为了吃美食，而是为了享受金质碗碟的。"

毫无疑问，女王的这种实用主义让为她做饭这件事变得无比简单。"为女王做饭一点儿也不麻烦。"在皇家后厨工作了 12 年的查尔斯·梅里斯（Charles Mellis）这样说。他的同事们也表示同意，女王有着并不挑剔的口味，只有少数合理的忌口要求，这让他们大感如释重负①。

当然，女王有时也对餐点并不是十分满意，这个时候，她桌旁的记事本就会发挥作用，女王会草草写下给厨房的建议。不过，抱怨食物和女王的性格并不相称，所以她很少会写下建议。但这种事也偶有发生，很多年之前，一位男侍从发现，从记事本上撕下的一张纸中裹着一只被压扁的鼻涕虫。"我的沙拉里有这个，"女王草草写道，"这东西能吃吗？"此外，只要她的沙拉中没有虫子，记事本基本保持着空无一字的状态。

*

如果伊丽莎白二世仅仅是一个并不挑食的乡间老奶奶，这些都不会显

---

① 王室用餐仅有少数几项禁忌，不过这些禁忌大多是用于自保和顾及交往礼节的合理要求。为了防止食物中毒，女王在国外访问时不会食用任何贝类，而为了保持口气清新，女王也不会吃任何带蒜的食物。而女王其他有关食物的好恶则有意被降到最少。比如，女王永远不会在社交媒体上"分享"所吃的食物照片。第一，女王从来不理解怎么会有人对自己吃什么感兴趣。第二，女王也不想招致无关紧要的批评。就像玛格丽特公主常说的那样："我并不想告诉别人自己早餐吃了什么。"不妨看看梅根·马克尔 2019 年在社交网络上发布牛油果吐司面包这一事件，你就知道女王的做法有多正确了。

得如此不寻常。但作为温莎王朝的元首，女王的表现则反常得出奇。历史学家们都很清楚，伊丽莎白二世的家族中有许多被王太后称为"食不厌精的吃货们"。女王的家族史称得上是名副其实的王室吃货大杂烩。女王的远房叔叔亨利八世把自己吃得腰围超过了一米三。乔治一世和乔治二世都是有名的贪食者。维多利亚女王对甜食十分热爱，亲戚们都说，她的体型可不只是"颤巍巍的腿上顶着个圆球"那么简单。国王爱德华七世基本会要求所有宾客都像他一样大快朵颐。在他的住所桑德林汉姆庄园的前门附近，有一个用于骑师过磅的秤，用来确保每位到访的贵族在离开时都会重上几磅。

而查尔斯王子可谓是将这一家族传统表现得淋漓尽致，不过他变得更为挑剔。关于他挑剔食物的皇家故事不胜枚举。比如有一次，白宫上的茶里居然还飘着茶包，查尔斯王子大为震撼，一口都没喝。他后来说："我都不知道该怎么办才好。"

而当查尔斯王子在国外访问时，他的员工会提前给酒店领班发送具体要求，详细说明查尔斯王子最爱的三明治应该是"怎样的大小和口感"。下榻于巴尔莫勒尔堡的时候，查尔斯王子拒绝食用当地的蔬菜，要求将胡萝卜和卷心菜从自己800多公里外的海格洛夫庄园运来。

王室传记作家们认为，查尔斯之所以异常挑剔，这都要怪他的保姆海伦·莱特博迪（Helen Lightbody）。据说，海伦一直乐于用自己严苛的标准折磨皇家御厨。就因为她个人的一时兴起，给查尔斯所准备的食物，要么被退回，要么需要重做。最后，女王实在忍无可忍，把她辞退了[1]。看

---

[1] 辞退的导火索是一个布丁。1956年，女王选了一个她觉得查尔斯会喜欢的布丁，让育儿室给当时8岁的查尔斯吃。但保姆莱特博迪拒绝了，把甜点从菜单上划掉，这激怒了女王。没人可以划掉女王的要求。

看女王自己的童年生活，就知道这背后的原因了。

　　首先，女王的母亲坚信，要在朴素的环境中抚养女儿。女王的母亲生于一个没有繁文缛节的苏格兰富裕家庭，从小吃的都是平淡而有益健康的乡村食物。她不允许小公主们被富足侵蚀思想和惯坏食欲。她们偶尔也有小零食吃（家里自制的乳脂软糖是她们的最爱），但玛格丽特公主和伊丽莎白二世吃得最多的还是各种"糊糊"，这是玛格丽特公主造的词，用来形容一种将肉类、土豆和肉汁碾碎在一起的英国婴幼儿食品，而这成为女王喜欢的简单饭菜。女王拿到一碗草莓当甜点的时候，会立刻将它们碾成果泥——典型的"糊糊"。

　　同时，"二战"对女王的饮食态度也产生了不可小觑的影响。在 17 岁时，伊丽莎白二世就看到了英国由于物资匮乏而饱受折磨的现象。为战争准备粮草就意味着缩减后方的口粮配给，三餐供给量大幅缩小。在 1940 年，113 克的白糖、57 克的黄油以及 57 克的奶酪，就是一个人一周的食物供给①。那个时候，为了增加食物供给，伦敦塔的护城河被改造成了菜地；孩子们吃的也不是糖，而是胡萝卜；要是不小心摔碎了一颗鸡蛋，肯定会赶紧舀起来，把它炒了做晚餐。粮食提供了能量，帮助人们打赢了战争。许多人还在忍饥挨饿的时候，不珍惜粮食，对食物挑挑拣拣，又或者贪食，无异于战犯的行径。

　　回想当年，这种对食物的态度是大有裨益的。很多历史学家都认为，"二战"时期的英国人达到了最为健康的状态。这场战争，或者说集体速成课，教会了英国民众不要在食物上挑三拣四。总体来讲，经历过战争年代的英

① 当时，国王要求王室成员和平民一样缩减口粮，他还大幅减少了王室寝宫的照明及取暖消耗，并且在浴缸底部画线，以减少热水消耗。尽管女王称自己从未在战时体会过饥饿或物资匮乏之苦，但这种节俭的经历显然对她有影响。

国人根本不会在食物上挑来挑去。不过这对女王的影响还有待探究。

如果伊丽莎白二世能够接受饮食学家的一系列检测（这当然是我个人的大胆猜测），她可能会被称为"冷静的"思考者。冷静的思考者们可以将情绪和食欲分割开。一般来讲，这些人仅仅将食物当作"能量来源"，并不会为下一顿饭过度思考或焦虑。这就和"焦躁的"思考者们截然相反：这些人倾向于通过内心的感受、过去的味觉记忆以及复杂的情绪来对待食物。可以参考安德鲁王子的前妻约克公爵夫人莎拉·弗格森（Sarah Ferguson），她可谓英国皇家史上饮食习惯最"焦躁的"。"我闻到的都是食物的味道，"她曾这样说，"我满眼看到的都是食物，我甚至可以听到食物。我想把所有美食都飞速放进嘴里。快停下啊！"

这种焦躁和理智的区分是由心理学家沃尔特·米歇尔（Walter Mischel）最先传播开的。米歇尔是斯坦福大学著名的"棉花糖实验"的首席研究员。通过研究学龄前儿童的自制力，米歇尔发现，只要能用冷静而抽象的思维，在情绪上远离这些诱人的食物，孩子们就可以成功抵御诱惑（比如一个又大又蓬的棉花糖）。比如，仅仅将棉花糖当作相框中又软又圆的物体，就能神奇地增加孩子们的抵抗力。相比之下，用"焦躁的"思维思考，想象棉花糖在口中的美味程度，这绝对会让学龄前儿童们经不住诱惑。最近一些针对更高年龄段群体的研究证实了这一发现，同时也揭示了大多数节食方法均会迅速失败的根本原因。如果你是一个"焦躁的"思考者，还没有学会如何冷静地思考食欲问题，你就会一次次地屈从于对美食的渴望①。

①　关键就在于你的大脑是否有能力掌控自己的意志。研究发现，仅仅用"焦躁的"方式想象一种美食（想象它的口感、味道、样子），会无意间导致一系列条件反射——胰腺会预先分泌胰岛素，这将导致血糖降低，从而让饥饿感增加。无论你是否真的饥饿，这都大大增加了你屈从于食物诱惑的可能性。

仅从人类学的角度来看，有不少英国高层阶级人士的想法与这一研究发现不谋而合。由于英国高层阶级人士通常能接触到各式各样的美食，所以更冷静地对待食物就成为他们重要的生存方式。处于社会金字塔塔尖的英国人不应过分关心食物。实际上，对食物显露出任何热情，都是有失体统的表现。正如社会历史学家玛格丽特·维萨（Margaret Visser）所说，对食物的冷漠意味着真正实现了"不焦躁的"状态。

许多靠谱的保姆都会在孩子们还小的时候将这一概念灌输给他们。出身于贵族家庭的孩子们，只要显露出对食物的过分热情，就会被迅速压制下去。类似"中午吃什么"这样的问题都得不到直截了当的回答，保姆会说"薄脆的风和油炸雪球"。要是问"吃什么布丁"，保姆会说"'耐心'布丁和'等一会儿'果酱"。这确实有用。在新闻工作者杰里米·帕克斯曼总结的英国国民偏好当中，"对食物不过分热衷"成为正宗英伦范儿的标志之一，与之并列的还有"乡村板球运动……莎士比亚以及乡间教堂"。

刚刚移居到英国的美国作家莎拉·莱尔（Sarah Lyall）发现，现在英国人对食物的冷漠感依然如故。一位家底殷实的伯爵邀请莎拉前往他的乡村庄园进行露天午餐，她以为将要看到的景象是："柳条编的篮筐、熏制的三文鱼、芦笋，旁边还有一条潺潺的小溪……"而实际则是一顿简单的野餐，泡沫塑料碗里盛着罐装的西红柿汤，还有普通白面包和火腿制成的三明治，而这些都是从后面一辆破旧的吉普车上取下来的。可谓是英国人对食物冷漠感的最佳印证。

同样的，如果你想参加一场王室最高级别的鸡尾酒会，那你应该去查尔斯王子在伦敦的府邸克拉伦斯宫。那里会有各式各样精致的有机开胃菜品，点缀着蔬菜和高级的香料（很可能是王子亲手采摘的）。然而，如果你单纯想见女王，那么你在白金汉宫很有可能会喝到红酒，吃到薯片，要是运气好，也许还有坚果。不妨把它当作入门测试。如果你对这平平无奇的餐点准备毫无怨言，你就越来越像个女王了。如果你对美食的渴望被浇了一盆冷水，不妨听听"二战"开始时那些来英的美国军人所得到的箴言吧："永远不要对国王或女王评头论足。不准挑剔伙食。"

法则二：花点时间坐下来喝茶

快乐生活的秘诀之一就是源源不断的零食。

——艾丽丝·默多克（Iris Murdoch）女爵士

那是一个无比辉煌的伦敦夏日。一个个大帐篷竖立在白金汉宫外面整洁的草坪上，平民们鱼贯而入。这是王室每年举行的最亲民的活动，在这场大型的王室见面会中，有8000名幸运的平民将由英国君主对其在英国社会各领域所做出的贡献进行嘉奖。不管你是跨国企业的CEO，还是当地的面包师，抑或是烛台生产者，如果受邀参加女王每年操办的皇家游园会，可要换上一身最像凯特·米德尔顿的华丽装束前往皇家草坪。这当然是为了面见女王，但大家都心知肚明，这场王室自助餐可不容错过。

不管白金汉宫的其他宴请是多么平平无奇，女王在操办游园会时可是不遗余力。会场上的茶点帐篷可谓是完全复刻了《爱丽丝漫游奇境记》里的场景，120米长的帐篷里摆满了精致美味的三明治、蛋糕，以及各色点心，让人目不暇接。这些都经过女王的亲自检验。要是你没喝过女王混合了大吉岭茶和阿萨姆红茶的特制饮品，那你可算是白活了，等于失去了一项可以炫耀一辈子的资本。

稍等一下……女王去哪儿了？

和人们充分寒暄过后，女王完全绕过了那个仿佛出自奇境里的帐篷，连一小块儿三明治都没拿，只是端着些许豆瓣菜坐下来。这不禁引得人们赞许女王非凡的意志力，也许旁边戴着礼帽的女士们还会为女王感到一丝遗憾，几块儿司康饼下肚之后，她们觉得自己非常有王室范儿，像在家一样自如：看她自己坐在那儿，也不吃点儿什么，而这些不知从哪儿来的人们在她漂亮的草坪上踩来踩去。

但这都只是王室的表象而已。与传言相反，女王并没有超人般的意志力，也十分享受茶点帐篷里的精致甜点，而这并没有对她的身材造成明显的影响。你以为这是因为遗传基因好吗？大错特错。皇宫四壁都挂满了女王胖嘟嘟的祖先们的肖像画：就算有艺术效果加持，也只能勉强挡住已经好几层的下巴。安妮女王生前也尽情吃喝，导致死后腰围极粗，从此获得了"正方形灵柩"这个遗臭万年的称号。而伊丽莎白二世似乎不费吹灰之力就逃脱了这一家族困境。要说其中是否有幸运的因素存在，那就是她幸运地发现了应对技巧。

伊丽莎白二世还小的时候，她和家人们围坐在餐桌旁，那时的她意识到了一个成年人们大多还没有领悟的道理：延迟享用甜点更让人快乐。

午餐过后，国王总是习惯从碗里拿几块咖啡用糖，分给女儿们。玛格丽特公主会迅速把糖吞到嘴里，而伊丽莎白二世则喜欢等待。首先，她会把糖按大小在桌上摆成一排，然后一个一个慢慢吃掉。伊丽莎白二世的女家庭教师马里恩·克劳福德（Marion Crawford）曾在回忆录中记述了女王在儿时所显现出的自控力。如果她能活到今天，就会发现自己的学生并没有多少改变。据说，女王还是会把糖排成一排。不过这个小习惯变了一个名字，那就是女王自控力的源泉、雷打不动的习惯：下午茶。

下午茶可不仅仅是"一杯茶"那么简单，也并不是在与内阁大臣会面的间隙喝上几口来提神那么简单。下午茶在王室成员间可谓一项近乎神圣的传统。在女王的记忆里，每天一到下午5点，脑海里就有一个热水壶在尖叫，提醒着她暂时停止工作。在可以静享的这一个小时里，所有的工作都被抛在脑后，女王会慢慢享用自己最喜欢的餐点。查尔斯王子说："我们家永远不会错过下午茶。"在饮食方面，他和女王少有共识，但这点女王肯定真心赞同。因为不管女王在饮食方面如何节制，下午茶时间都是她的放纵时间。

*

一辆蕾丝镶边的手推车上，装满了三明治、蛋糕、姜饼、松饼，还有司康饼，女王会用银壶煮上大吉岭茶或是伯爵茶，与在场的皇家亲戚们相谈甚欢。一种熟悉而又舒适的感觉在屋里蔓延开。那里总是摆放着一个维多利亚时代的茶壶（由菲利普亲王改装为自沸壶）、一个奶牛形状的银质奶油壶（威廉四世时代的传家宝），还有薄薄的八边形黄瓜三明治。女王在倒茶时会非常认真，从不会洒掉一滴茶水①。与其说是黄昏后的零食时间，不如说是一场宏大的仪式。

对于女王来说，下午茶就是"在练习自我沉淀"，传记作者卡萝丽·埃里克森这样说，这是"一个舒缓身心的仪式"，具有不可妥协的重要性。

----

① 尽管下午茶时间是精心准备的，但这可不是一本正经的场合。在瓷器的碰撞声中，时常夹杂着欢笑声。当人们提起那次弹射蛋糕意外的时候，笑声就更大了。几年前，有一个倒霉的男仆怎么也拉不开茶点手推车上的延伸板，他摆弄得过于用力，整个木板弹了出来，把一个奶油蛋糕弹射到了女王胸前，导致人们哄堂大笑。

每场在伦敦的王室预约都要避开这个时间。女王下午的会见总是会在下午4：30准时结束，这样就有足够的时间回到白金汉宫喝下午茶。而当女王在国外访问时，会带上一个专门用于下午茶的行李箱，里面装着瓷器和印度茶，以及水果蛋糕和酥饼，以备下午茶时间的不时之需。女王陛下知道自己能承受什么，但是没有下午茶的一天是万万不可承受的。

看起来，这似乎是极其缺乏意志力的表现，但这背后却有高明之处。心理学家们发现，意志力并不是可以轻松得来的，它不是一项需要掌握的技能，也不是我们需要掌控的内在动力。意志力更像是人体的一块肌肉：这种情绪上的能量会得到利用，也会被消耗殆尽，因此需要时常的休憩，以便补充能量。

观察实验室试验后发现，受测试者真的可以耗尽自身的意志力（大多是为了抵挡美食的诱惑）。他们的自控力就像被耗尽的电池一样，导致他们除了吃以外，没有做任何其他事情的意志力[1]。作为自控力研究领域数一数二的研究者，马克·穆拉文（Mark Muraven）教授称："目前针对这一理论的研究已超过200项。意志力不只是一项技能，而是一块肌肉，和我们四肢上的肌肉并无二致，意志力在消耗较大时也会疲惫，导致人们在做其他事情时缺乏意志力。"

我们的肌肉和意志力都可以通过一种可食用的物质进行补充，那就是

---

[1] 1996年所进行的那项实验是该类型最早和最有名的一项实验。实验参与者的面前摆着两种食物，一种是未经烹饪的萝卜，另一种是香喷喷的饼干。其中，一半参与者可以吃饼干，而另一半参与者则只能吃萝卜。然后实验参与者们要进行一场难度很高的拼图活动。可以吃饼干的那一组参与者在长时间拼图时也表现得很放松，相比之下，只能吃萝卜的那一组参与者则完全无法承受，他们会发牢骚，会抱怨，然后会气冲冲地放弃拼图。为了抵抗饼干的诱惑，他们已经浪费了大量的意志力，因此再也没有精力做其他更艰难的事情了。

葡萄糖（也就是糖）。这样一想，将意志力比作肌肉则再合适不过了。在涉及大量脑力活动的研究中，缺乏糖类摄入的研究对象在整个过程中会出现整体表现、意志力、情绪全面变糟的现象。心理学家罗伊·鲍迈斯特（Roy Baumeister）说："没有葡萄糖，就没有意志力。"

女王的私人秘书们，比如约翰·克尔维尔（John Colville）爵士，他们一般会称赞女王"仅凭坚强的意志"履行了一项又一项义务。但事实并非如此。伊丽莎白二世似乎有着无穷无尽的自制力，但这是因为她肯花时间维护这种自制力。女王每日的下午茶至关重要，能让她在忙碌间隙及时"充电"，保持意志力。下午茶可以将女王绷着的自控力肌肉放松，转而满足一下自己的小爱好。对女王来说，下午茶时间就是暂时沉浸于葡萄糖的时间，她最爱的酥饼、司康饼，还有"果酱便士"（一种夹着覆盆子酱的小三明治）应有尽有。这听起来可能有些雅致，不过女王之所以能如此从容，秘诀就在于她肯花时间喝下午茶。

英国人本来就有类似的习惯，但营养师却否决了他们的直觉。下午茶能让人们以自己习惯的方式重获能量，能对情绪产生积极作用，很少有人会放弃这一能让他们清醒撑过一天的娱乐项目。"在平民百姓家里，下午茶多少有些神圣的意味。"小说家乔治·吉辛（George Gissing）在1903年如此写道。如今，这句话正好描述了女王的感受："茶杯和茶碟叮当作响的声音让我的心神得到舒适的小憩。"人们觉得，主动放弃下午茶的人绝对不是真正的英国人。

这种传统解释了为什么女王在挪威、瑞典等北欧国家会感到如此熟悉，这是因为那里大多保留了下午茶的习惯。挪威和瑞典两个国家都保留了瑞典人称为茶歇（Fika）的这一日常习惯。茶歇是一天中安静的小憩，人们有意放慢脚步，喝一杯热饮，毫不顾忌地吃一口甜食。在北欧人的认知里，每天进行茶歇意味着你是一个情绪稳定且从容的成年人。

"没有茶歇的生活是难以想象的。"对瑞典式生活颇有研究的安娜·布隆纳斯（Anna Brones）这样写道。几年前，茶歇甚至成为美国的"新晋网红美食"，但由于美国人早已忘记了该如何以及为何真诚对待自我，茶歇也变成了互相攀比的噱头。要是像这样每天放纵自我，瑞典人怎么可能成为身材最苗条的欧洲民众之一呢？这似乎太不可思议了，而女王就是这样生活了几十年。

研究者倾向将这种自控力归为一种有违直觉的思维模式——"积极拖延"。你可能以为，在下午茶或茶歇前等待享用蛋糕的这段时间会导致对食物的渴望愈发强烈，一旦盛满茶点的手推车来到眼前，自己可能会迫不及待地吃下一整罐凝脂奶油。但事实恰恰相反。相比那些严格控制自身摄入的人们，允许自己延后享用美食的人们（比如下午 5 点在皇宫喝茶），在那一时刻真正到来的时候，他们的食欲反而会自然下降。令人惊讶的是，仅仅是允许自己延后放纵一下，就能让大脑获得大部分的快感，在等待已久的放纵时刻终于到来后，这种渴望已经得到了部分满足。

这基本上就和女王儿时摆弄糖块儿的道理一样——延后享用，加倍甜蜜。如此一来，女王在下午茶时间真正摄入的甜点量一直很少。王室传记作者布莱恩·霍伊（Brian Hoey）这样解释道："尽管各式点心应有尽有，但女王只吃一点点，而大部分的甜点，尤其是司康饼，都被柯基犬们吞掉了。"皇宫里另一个受欢迎的下午茶甜点也是一样，那就是巧克力饼干蛋糕（不仅仅是饼干碎层叠黑巧甘纳许那么简单①）。

"女王真的是个自律的人，"厨师达伦·麦格雷迪说，"让我惊讶的是，

---

① 巧克力饼干蛋糕历来是皇家最爱，2011 年威廉王子与凯特王妃的婚礼喜宴所选用的新郎蛋糕就是巧克力饼干蛋糕。

在下午茶时间呈给女王的大巧克力蛋糕，她只会享用很小的一块。"整个蛋糕会被一点一点地吃掉，每天一点点。"直到只剩下一小块，"麦格雷迪补充道，"但还是得端给女王，她想把整个蛋糕吃完！"

拒绝让自己吃上"那一口"的饮食习惯从来无法真正控制饮食，就连皇室成员也难以幸免。维多利亚女王儿时几乎长期处于严控饮食的状态。她只能摄入极其缺乏味道且极其少量的食物，因此，只要别人一不注意，她就会暴饮暴食，从而养成了不正常的饮食习惯，随之而来的还有不断上升的体重。这困扰了她一生。

更近一些的例子有莎拉·弗格森，她承认自己在王室的那段日子"为了减重做过最疯狂的事情"，总是在严格节食（比如在嫁给约克公爵安德鲁王子之前她曾试过的橙子搭配肉类饮食）与大快朵颐最爱的食物（比如奶酪、蛋黄酱、西红柿三明治）之间来回摇摆。这种饮食上的极端行为最终让媒体为她冠上了"猪扒公爵夫人"的不雅名号。

布莱恩·万辛克（Brian Wansink）在《好好吃饭》一书中这样解释道："如果我们一次又一次地有意忍住不吃某种食物，则有可能愈发加深这种渴求……那些吃不到的美食反而伤我们最深。"

女王有一则发人深省的小故事。伊丽莎白二世曾提醒玛格丽特公主注意类似问题：不用忍着不吃，延后就好。她们两个人小时候参加皇家游园会时，玛格丽特公主急于吃点心，作为姐姐的伊丽莎白二世温柔地提醒她要有公主的样子："不要急匆匆地穿过人群找茶点。这是不符合礼节的。"无论是出于礼节还是单纯讲求实际，女王现在之所以能在自己的皇家游园会上充分放松，都是因为此。旁观者可能会惊讶于女王的意志力，但她知道，人群会很快散去，而到了下午5点，她就能舒舒服服地坐在旧茶壶旁，给自己的意志力充电。

法则三：无规矩，不节制

用餐礼仪是人们证明自己不是"野蛮人"的一种方式，其目的不是方便用餐，而恰恰是为了让用餐变得……更加困难。

——玛格丽特·维萨《饮食行为学：文明举止的起源、发展与含义》

"这些我都能吃掉！"一个身材火辣的女人指着餐厅玻璃柜台里的一整块樱桃奶酪蛋糕和几块比萨这样说。她美丽的蓝眼睛直勾勾地盯着美食，而周围的摄影师们则将镜头直直地对准了她。"不管我吃什么，"她对追捧自己的媒体说，"我丝毫都不会长胖！"她的好身材简直充满了梦幻色彩，让她所说的变得可信很多。也许这一次，童话照进了现实。

这个女人就是戴安娜王妃，然而令人遗憾的是，童话到此为止。追捧她的媒体很快发现了残酷的事实：戴安娜经常暴饮暴食，只能在渴望食物、大吃大喝、强迫性使用厕所之间悲惨地循环往复。她之所以从来没有被人发现有"丝毫长胖"，是因为她没有找到既能大口吃蛋糕，又能保持好身材的现实可能。但再次令人遗憾的是，美食和好身材确实可以兼得。为了达到这一目标，英国王室已经找到了一套完整的饮食理论，而无须在肉体上如此折磨自己。

那就是过去被笼统称为"礼节"的东西，最早由中世纪的宫廷贵族所践行。出身高贵的人们最需要礼节：越是有着无尽的特权，就越要遵守条条框框的规矩。有些讽刺的是，戴安娜的祖先们就属于制定此类规矩的阶层。如今，伊丽莎白二世的宫廷生活严格遵守了这些规矩，只不过换了个名字——用餐礼仪。

也许你想听的是更为深奥的道理，但我向你打包票，用餐礼仪在过去十分重要。如今，用餐礼仪只被人们当作可有可无的笑料来看，比如，电影《公主日记》中的安妮·海瑟薇（Anne Hathaway）被一条爱马仕围巾绑在餐椅上，阻止她伸手够盐瓶这一不礼貌的举动。现实中的王室成员也没有好过多少。

伊丽莎白二世女王的祖母玛丽王后曾经拒绝用手碰任何食物，并且坚持在参加晚宴时头戴王冠，身着盛装，即便独自用餐时也如此。另一位坚持用餐礼仪的人是爱丽丝公主、阿思隆公爵夫人（维多利亚女王在世的孙女中最年长的一位），她见证了宫廷礼节的巨变，但直到 20 世纪 70 年代，她在发送生日邀请函时依然会附加一条温馨提示："可佩戴王冠。"这就把我们这些没有继承任何钻石王冠的芸芸众生排除在外了。

对我们这些没有王冠的人来说，宫廷礼仪似乎显得有些遥远。但可以学学伊丽莎白二世女王，她头顶王冠的时候并不多，更多的时候，她身边围绕着各色佳肴，而这些大多是我们只能在公司节日聚会上才有机会享用的。因此，用餐礼仪可以成为你的闪光点。

尽管有不少自以为是的人喜欢在用餐礼仪上吵得不可开交，争论用来吃布丁的勺子究竟是该放在餐盘上还是餐盘旁之类的小事。但归根结底，好的用餐礼仪能让我们轻松保持饮食的节制。就像进食时的减速带一样，用餐礼仪可以帮助我们压抑大口吃饭的欲望，也就是约克公爵夫人所说的

"高速"进食状态。

从更原始的角度来讲，用餐礼仪对我们是一种时时的提醒：我们不是野生动物，不应该像动物一样进食。人类学家凯特·福斯特对英国人的用餐习惯进行了田野调查后，对这一问题做出了最佳阐释。在总结了数百条不同的规矩之后，她发现英国人——尤其是上层英国人大多认可的用餐"好习惯"围绕着两点展开。她称之为"小口为佳"和"放缓为宜"原则。宫廷生活大多遵守着这两点原则，而女王日常与食物打交道的过程大多也围绕这两点展开。

就拿"放缓为宜"这条来说。在数量庞杂的用餐礼仪中，那些允许做的和禁止做的条条框框，实际都是为了降低食物入口的速率。面包就是个最好的例子。一般来讲，人们会将整块面包切片，给面包片两面抹上黄油，然后开心地大口吃起来。但从宫廷规矩的角度来看，这种方式实在太有效率、太快，过于漫不经心，因此是大错特错的。"我之前不知道不能这样吃面包。"克莱尔·福伊在有关剧集《王冠》的采访中这样说。她在表演时假吃了一大口，正好犯了禁忌。如果不会正确地吃面包，那她模仿女王的训练就仍要继续。

与之相反，要十分优雅地吃完面包，每次只能掰下一小口面包块，只为这一小口抹上黄油，放进嘴里，如果还想吃，就重复以上动作。这样一来，你可能在中途就不得不停下（可能是因为早发性腕部劳损），而这就是意义所在。无规矩，不节制[①]。

就连女王的餐具，或者说女王用餐具的方式，都是为了达到这一目的。

---

① 喝茶时搅拌茶汤的方式也一样。要是有一天你受邀前往皇宫，如果不想出丑，就千万切记：永远不要画圈式地搅拌茶汤（因为这会使糖融化得太快），而要用勺子前后轻摆。如果把茶汤面想象成表盘，就是重复默默敲击12点及6点方向。

与其将叉子握在右手，叉尖朝上，尽可能用叉子舀起一大勺吃的（这也被称为"愚蠢的美国人才会做的事"），女王有意选择了一种更慢的方式。鉴于女王是欧洲进食礼节的坚定拥护者，叉子会被她拿在左手，而刀则放在右手，这就为降低用餐频率打开了更多可能性。对于讲求礼节的人来说，将叉子直直地攥在手里会显得有些危险（贵族社会依然忘不了中世纪时的尖头武器），叉不起来的食物需要仔细地被引导到叉子下面，然后再送到嘴里，整个过程叉子尖礼貌朝下，不能有任何泼洒。

英国的礼仪指导书籍充满了有用的（或可称为有病的）相关小技巧，帮助人们在避免尴尬的情况下学会这样吃东西，尤其是吃豆子。但根本目的还是在于节制。"坚决不把叉子当勺子用"可能是种"有意的执拗"，对礼仪颇有研究的历史学家玛格丽特·维萨称，但这样一来"会迫使我们小口进食，还会将难舀的食物留在盘子里。把食物放到叉子上已经很难了，还要完美地平衡和提起食物。要想如此优雅地进食，少不了练习和决心"。

幸好女王不会苛责那些疏于练习的人①。参加王室晚宴的宾客们通常会发现桌上的食物都被切成了便于进食的小块儿。端到女王面前的每一道菜，重点都在于小巧。前皇家厨师格雷厄姆·纽博尔德（Graham Newbould）一边将一把四季豆调整成了更合适入口的大小，一边说着这条不成文的规定："从嘴里伸出四季豆看起来可太不雅观……所以一定要小巧。"

不过，正是由于女王对小巧的青睐，才显示出她真正理解了奢侈的含义。在希腊语中，意为"奢侈生活"的"tryphe"一词指的并不是充足的食物，也不是人们可以暴饮暴食并吃到吐的特权。玛格丽特·维萨称，

---

① 比如，在一次皇宫午宴上，有个紧张的客人搞不定盘里那个并不配合的土豆，土豆从盘里滚落到地上。这个客人强装镇定，拼命用脚阻止土豆滚得更远，但是却一脚踩烂了土豆。"人生可太难了"，暗中观察了这一切的女王轻轻说道。

"tryphe"来源于意为"碾碎或切成小块"的动词。只有富人才有可以消磨的时间，能将食物切成小块，慢慢用餐。这一习惯成为西方用餐礼仪的基石。可以看到，女王至今仍遵守着这一传统……吃香蕉时就有体现。她必须先将香蕉切成小块——用刀叉将香蕉两端切掉，再从中间横刀切下，然后将果肉切成小圆块，最后用叉子慢慢吃。正如人类学家凯特·福克斯（Kate Fox）所讲，"小即是美"①。

尽管还有许多其他原因，但华里丝·辛普森（Wallis Simpson）之所以在20世纪30年代屡屡违背王室规矩，就是因为她难以理解这一原则（她就是爱德华八世为之放弃王位的"那个女人"）。她曾试图在巴尔莫勒尔堡推出更有美国味儿的菜单，提供了超大号的三层三明治，我们姑且不论给她这一雄心壮志的计划所鼓掌的人们是否在假意迎合。但在20世纪50年代，王太后在美国的一轮正式涉外晚宴上所遭遇的尴尬处境可是不假。作为英式礼节的完美掌握者，王太后被大洋彼岸的食物分量惊得目瞪口呆。当时，她在写给女儿伊丽莎白二世的信中说："这两次分量十足的晚宴让我厌恶至极……简直就是噩梦，他们端上来的肉是那么大块，比这张纸还要大。"

伊丽莎白二世当时肯定有同感。良好的教养，加上她对浪费的强烈反感，使得女王一直都只偏爱小份食物。与过去王室宴会的规矩完全相反，女王和宾客们一起用餐时，她所得到的分量一定是最少的。"如果要为女王上牛排，"一位前皇宫官员说，"我们一定会给女王最小的那一份。"要是胆敢对亨利八世提一句这样的想法，肯定会"脑袋搬家"。但伊丽莎白二

---

① 奢侈往往会把人们变成更为优雅的进食者，幸福感研究者格雷琴·鲁宾将之称为"进食的优越感"。无论是一瓶高价红酒，还是一块进口贵奶酪，当眼前的食物花费得越多，又或者人们所处的环境越高雅，人们就越会小口吃喝。

世女王则喜欢这样。她也更倾向于从传来传去的银盘中自己取食物，而不是拿到由御厨配好分量的餐盘。这让她能更好地把控。她会在一开始先取少量食用，有必要的话会再取一次。"这就体现了礼数，"厨师格雷厄姆·纽博尔德这样说，"比起剩下食物，先把盘里的食物吃完，如果还想吃再适当加量，这才是对的①。"像王太后一样，懂得礼节的女王知道，应该小口吃饭，而不是狼吞虎咽。

如此一来，女王学会了留意自己的饱腹感，知道了该何时放下刀叉——这项能力可没有听上去那么简单，尤其在成年人中相当少见。但其实，我们生来就具备相同的能力。不管你给 3 岁的小孩子们提供多少食物，他们会自然而然地调整自己的摄入量，当身体告诉他们已经吃饱时，他们就会立刻停下，无论是否还有食物剩下。但在几年之后，这种本能会出现衰退的迹象。研究者发现，5 岁的孩子们更倾向按外界指示进食，比如已经盛好的量，他们只有在吃完之后才会停止进食（而不是在自己有饱腹感之后就停止）。这种习惯在很小时就养成，伴随着大部分人步入成年。只要盘子里还有吃的，我们大多会一直往嘴里送食物②。用餐礼仪之所以能如此成功地让女王有意识地控制进食，就是因为此。鉴于用餐时的繁文缛节限制了进食速度，女王减缓了吃饭的速度，在每吃一口前都能暂缓一下，给了身体（不只是眼睛）足够的时间来决定是否已经足够。一方面，这一有意

---

① 女王坚决反对被政评家安德鲁·玛尔称为"一次性社会"的概念。皇宫里依旧用着维多利亚女王时期的被单、毛毯以及铜质厨具。女王的行李箱和骑具都用了很多年，鞋子磨破之后，也会重新钉鞋跟。女王还曾让查尔斯王子返回运动场找弄丢的狗链，她的理由是："狗链也要花钱买的。"

② 相比之下，法国人大多并非如此。首先发现这一文化差异的是对无意识进食进行研究的先驱者布莱恩·万辛克。在询问法国人和美国人他们如何得知应停下进食时，法国人称，饱腹感是他们停止进食的主要提示；而美国人大多则称，碗里的食物见底，或者电视节目结束后，他们才会停止进食。

减速进食的用餐礼节隐含着一项生理规律：食物到达胃部 20 分钟之后，才能将饱腹感传递给大脑。

世界上最长寿的国家之一有项传统与此类似。

日本传统会要求人们在每顿饭前（有时也在饭后）说一句近乎祷告般的"腹八分"（hara hachi bu），大致翻译过来就是"八分饱"的意思。在人们享用面前的美食时，这成了一种提醒，让人们在完全吃饱之前停止进食。基本上就是感觉到肚子有八分饱时就放下筷子。从日本文化背景来讲，按照这一传统的箴言用餐是良好教养的体现（类似于西方用餐礼仪中的不要贪食原则），这也有力证明了用餐时基于饱腹感来判断是否该停止进食有奇效。研究长寿的专家们现在认为，"八分饱"就是日本人普遍长寿的秘诀之一[1]。

不知道女王对这一说法是否有所了解，但凑巧的是，她在漂洋过海去往另一个太平洋岛国时，很好地体现了"八分饱"的原则。女王于 1953 年进行了在位期间的第一次英联邦巡回访问，在汤加这一岛国上做停留时，身形笨重的萨洛特女王迎接了伊丽莎白二世。她为英国女王设下豪宴，一同参加的还有 700 位胃口大开的宾客。他们一个个盘腿坐在棕榈垫上，直接用手吃饭。伊丽莎白二世表现得甚为得体，她双膝着地，吃掉了面前的大部分食物，但最后还是放慢了速度。尽管她身边的人还在不停吃着无限供应的烤乳猪，但女王的用餐礼仪已经发挥了作用。作为身份最高的那个人，她在表面上不能停下用餐（否则所有人都要跟着停下），但她知道自己已经吃得足够。"所以考虑到在场其他人，"宫廷女侍帕梅拉·蒙巴顿（Pamela

---

① 相关解释通常聚焦于类胰岛素一号生长因子（IGF-1）的生理影响，这是一种与衰老有很大关联的生长激素。通常来说，经常吃撑会增加这一生长激素的水平，从而增加体内具有破坏力的氧化应激作用。

Mountbatten）回忆称，"女王只能拨弄起面前的食物，假装用餐以拖延时间，实际上没有再多吃一口。"

通常来说，为他人着想是良好教养的体现。但能了解自己的极限也是同等重要的。"彬彬有礼"这一古老的词语有着双向的含义，对他人如此，对自己也要如此。女王就是这样做的。女王从不漫无目的地用餐，"漫无目的"指的就是那些偶然出现的饭局，这会"导致"女王进入盲目进食的状态①。即便女王没有在国外赴宴，没有用着国宴上的金质餐盘，在没有任何安排、独自一人时（在私人寝室享用送来的晚餐），用餐礼仪依旧会发挥作用，帮助她在吃每一口时都加以节制。

---

① 女王在用词方面也不轻易散漫。她拒绝将正午的餐点称为带随意意义的"午餐"。她觉得这听起来太"粗俗"了，王室传记作者布莱恩·霍伊这样说。准确来说，在皇宫里只有午宴。"我就是规矩的最终捍卫者。"女王承认道。

法则四：像女王一样控制你手中的酒

要我说，就是因为人们都知道王太后喜欢喝酒。人人都喜欢老奶奶，但喜欢把酒言欢的老奶奶就更让人喜爱了。

——在解释伊丽莎白王太后的高人气时，

剧作家基思·沃特豪斯如是说

白金汉宫在招聘新雇员方面从来没有遇到过什么困难。也许薪资要比英国一般水平低不少，但在女王陛下府邸工作的人们可以得到一系列的附加好处。最大的好处就是：在白金汉宫的工作经验会为简历增色不少。这基本上打开了未来所有工作机会的大门。另外就是能有幸在菲利普亲王使用的游泳池中体验一下。但就日常来说，最吸引人的还是皇家御厨的免费餐点以及为雇员准备的优惠酒水。这项福利经常让外人惊掉下巴，在白金汉宫里，有一个员工可以享受优惠的吧台，员工日常可以随时买到非常便宜的金汤力鸡尾酒和其他饮品。受高高在上的女王恩典，休息时享用烈酒基本是一项权利。

心知肚明的人们此时会举杯相碰，他们知道，温莎王室对饮酒的态度一向如此，没有什么好惊讶的。温莎王室向来喜欢偶尔喝喝小酒，而他们也从不掩饰这一事实。在20世纪30年代那段无比奔放的日子里，王太后甚至在朋友间组建了一个半公开的饮酒社团，而她自己则是代理资助人。这一社团被称为温莎把酒言欢俱乐部，内部有着秘密的符号、建议佩戴的统一领带，还有一句半开玩笑式的口号。容我拙劣翻译一下，就是：清水没劲，酒水带劲。

多年之后，在王太后90多岁的时候，只要有人提出要倒些她最爱的酒水时，王太后的眼神就会明显一亮。"听说您爱喝杜松子酒？"一位女主人惴惴不安地问，不知道应该给来访的王室成员上些什么。"我都不知道自己有了爱喝酒的名声，"王太后回答说，还可爱地假装震惊，"不过既然这样，给我来一大杯吧。"

就是这样的回答导致出现了很多荒诞不经的故事，讲的都是皇宫里对于饮酒的放纵。网上的流言都说，伊丽莎白二世的酒量比王太后自称的"酒力"还要大，她习惯在午宴前就开始饮酒，一天会喝下4杯高度数鸡尾酒。据说，似乎整日沉浸于酒精的女王，当遇到皇宫里的工作人员偶尔喝多了酒或开玩笑开过头时，也会睁一只眼闭一只眼。比如有一次，女王在楼梯口发现了一个平摊在地上的喝醉酒的侍者。女王一点儿也不慌张，只是对附近的人说："能不能来个人把弗兰克架起来，他好像有点不舒服①。"

类似的故事让媒体陷入了狂欢，他们争相编造一些矫揉造作的新闻头条，比如"女王的杜松子酒也无法让男侍从借酒消愁"，但这些新闻通常都只是充满了误解和夸大。尽管媒体都称女王嗜酒成性，但作为女王前雇员的前皇家御厨达伦·麦格雷迪说："女王根本不胜酒力。"以此为女王正名。但在这个稍有娱乐迹象都会被拿来炒作的时代，女王对待饮酒的态度，更

---

① 菲利普亲王的一个做法让这种流言越传越离谱。1999年，美国驻英大使送给了他一篮南方食物。他在篮子里翻找一通过后，不顾外交礼仪地问道："金馥力娇酒在哪儿？"

重要的是，女王饮酒的目的，都值得我们探寻其背后深义。首先，可以这样说，女王在饮酒时十分审慎，一直按照温斯顿·丘吉尔爵士那句有名的格言行事：她在利用酒，而不被酒左右。

*

　　暂且不论女王是否真的时常饮酒，如果是真的，那也只是发挥近乎药用的作用。女王在位期间，酒精一直被当作速效解压剂，只是在一天繁重的工作过后用来减压的良药罢了。所以，女王才会在自己的大婚当天，欣然喝了一口大主教递上的白兰地，就是为了稳定一下情绪。又或者，在"二战"悼念仪式结束后，经过情绪激动但又只能强忍眼泪的一天，女王喜欢喝点酒慰藉一下自己。"有泪水一直在女王的眼中打转，"一位宫廷女侍回忆说，她看到女王在仪式结束后回到皇宫中，"拿了一大杯金汤力鸡尾酒，然后一饮而尽。"女王也经常会在礼拜日午后和王太后在皇家别墅小聚。去教堂礼拜后，女王会和妈妈小酌杜松子混杜本内鸡尾酒。在繁忙的一周过后，这是女王最喜欢的解压方式。

　　如果你觉得这是在滑向酗酒的边缘，那你就错了。全世界的"蓝色乐活区"（人均寿命大大超出一般预期的地方）所表现出的饮酒习惯与女王对待酒的态度十分相似。比如，意大利的撒丁岛、希腊的伊卡利亚岛、日本的冲绳县，在这些地方的街头巷尾，经常能看到百岁老人。这些地方也有着忙碌一天过后小酌一杯以放松的传统。研究长寿的专家丹·比特纳（Dan Buettner）解释说，根据他对"蓝色乐活区"生活方式进行的第一手研究，这种传统的饮酒习惯有一种不为人知的益处，这指的并不是红酒中存在有益健康的抗氧化物这一人们常说的原因（毕竟日本人爱喝的是清酒），而

029

是一个更为普遍的原因："也有可能是因为，在一天过后小酌一杯可以减缓压力。"比特纳说："这有益于整体健康。"

除了有一个健康的肝脏外，这可能最好解释了为什么王太后饮酒不但无损健康，反而有益身心——她一直活到了 101 岁高龄——酒精让她的日常形成了有规律的放松时段。

曾作为侍从武官在王太后身边工作两年的科林·伯吉斯（Colin Burgess）少校说："她喜欢和人一同饮酒。"他复述了这位皇家中"酷爱饮酒的人"是怎样度过一天的：中午时分，她就会来一杯杜松子混杜本内的鸡尾酒，配上一片柠檬和大量的冰块，之后会在午宴时来一杯红酒。然后就到了她称为"神奇时刻"的下午 6 点，她会喝一杯干马天尼鸡尾酒来犒劳自己，之后，她会在晚餐时喝上一两杯香槟。这也难怪人们都亲切地称王太后"有着深不可测的酒量"。总爱去酒吧的英国民众则因为这一点十分喜爱王太后。

人们还发现，王太后在现场观看赛马比赛时总会带着一个装满香槟的保温杯，这让她的人气更高了。"这是我的小嗜好。"王太后边说边调皮地露齿一笑。但她的饮酒"习惯"也就到此为止了：只是一个她能从中得到快乐和借以放松的习惯，一个不会轻易改变的日常。要说这会演变为酗酒问题是"绝不可能的"，王太后最亲近的外甥女、女王的表姐玛格丽特·罗兹（Margaret Rhodes）在回忆录中这样澄清流言。"王太后的饮酒量从来没有过变化，"从来没有出现过酗酒的现象，她说，"从未有过饮酒过量。"皇家历史学家艾德里安·泰尼斯伍德（Adrian Tinniswood）称，王太后是一个"稳定的"酒精摄入者，而不是一个"过量"摄入者[①]。

---

①　实际上，王太后最喜欢喝的饮料并不是酒类，而是莫尔文水。要说英国王室对莫尔文山泉水的热爱，简直可以写一本书了。玛格丽特公主曾说（有些让人摸不着头脑），世界上其他种类的水都不配被称为水。一位主人曾要为她奉上自来水，面对满脸困惑的主人，她开口教训道："这算不上是水。"然后，她指了指自己随身带来的莫尔文水说："这……才是水。这下你知道我的意思了吧？"

只有当一个人喝得比平时多时，才会让温莎王室感到担忧。

有一则故事正好说明了这点。有一次，王太后和伊丽莎白二世共进午餐时，伊丽莎白二世想要加一杯红酒，这打破了她平时只喝一杯的习惯。"好了，好了，莉莉贝特，"王太后假装皱着眉对伊丽莎白二世语重心长地说，"别忘了，你下午可还要统管一切呢。"王太后其实多虑了，伊丽莎白二世女王其实最懂饮酒之道。女王已经不止一次地证明了，她在饮酒时是抱有特殊目的的。作为一国之主，女王知道她需要保持清醒的头脑和高超的对话技巧，以备不时之需。

王室传记作家们发现，女王在日常"无比节制"。有近代王室成员的惨痛教训在前，女王知道烂醉的君主不可能保住王位[①]。因此，仅需一杯苦艾酒配苏打水，就能让她撑过整场鸡尾酒聚会。在宴会上，女王也几乎不会碰手边各种不同的酒（每道菜的配酒不同），如果你在王室活动上看到女王端着一杯看似是金汤力的鸡尾酒，杯子里大概率也只是汤力水勾了一点点酒。换句话讲，她要把控住自己，不宜多饮。

女王的各种行为都符合行为心理学中名为"自我超越式"饮酒者的概念，指的是那些能根据超越自身的价值观和使命而调整自身饮酒量的人们。尽管这乍一听有些不切实际，但自我超越式的饮酒（或进食）其实是一种自然的条件反射，每个人都可以加以利用，从而帮助自己调节饮酒习惯。具体来说，研究者们发现，心中时常怀有更大人生追求的人们，比如他们在社群中的角色，需要对他人施以援手等，这些人在尽情吃喝之前，都会

---

① 女王称为大卫伯伯的爱德华八世经常借酒浇愁，这让他错上加错，最终导致他在1936年被迫退位。有很多人曾观察到，每次用餐时，男侍从们都要站在他的身后，一直往玻璃杯里续红酒，用皇宫里的话来说，直到他连一个网球场都统治不了才会停下。

自动自我调节，一般也能减少摄入平日所喜好的食物。从更为宏观的角度看，这就解释了为什么一些国家尽管有着很强的"酒文化"，却很少会出现酗酒者，因为在对待酒的态度上，他们倾向从个人、家庭以及整个社会的利益出发。法国一直是欧洲国家中最大的酒类消费国之一，但法国全国记录在案的匿名戒酒互助社很少，平均下来，每100万人只对应一个互助社。相比之下，仅纽约一个城市就有数百个匿名戒酒互助社。

　　带有目的地去饮酒能让我们更清楚地认识酒这种东西，酒的作用就是为了让人头脑混乱。这样一来，我们就能决定何时忌酒，何时审慎小酌，何时来一大杯享受。1993年，澳大利亚时任总理保罗·基廷（Paul Keating）强烈希望将澳大利亚变为一个共和国，将远在英国的君主视之无物。听到这一消息后，女王清楚地知道接下来该做些什么。权衡所有事宜之后，她说："现在我真的得喝上一大杯酒。"

第二章

女王的工作法则

我的地盘我做主。

——《国王的演讲》

那可能是世界上最糟糕的圣诞节礼物了。1928年，艾尔利伯爵夫人送给了当时才3岁的伊丽莎白二世公主一套平平无奇的簸箕和扫把做节日礼物。可想而知，当时在场的王室成员们一定发出了阵阵言不由衷的赞叹——"太贴心了！"不过无论这份礼物体现了艾尔利伯爵夫人是多么缺乏想象力，结果没人料到，这份礼物居然有着超前的预见性。簸箕和扫把象征的就是工作——日复一日、单调乏味、永无尽头的工作。经过一场又一场的家庭变故（女王伯伯爱德华八世退位、女王父亲英年早逝），伊丽莎白二世女王很快就会发现这份礼物意味着什么。

对于英国王室来说，最自相矛盾的一点在于：尽管王室在过去的几个世纪中逐渐失去了真正的权力，但承王冠之重者，其工作量和对于公众的义务则大幅增加。简单来说，就是砍头变少了，而议会的文书工作变多了，伊丽莎白二世女王在继承王位时，这一工作量达到了史上的顶峰。女王自愿负担的工作量十分惊人。在女王90岁生日的时候（已经超过了英国过去所规定的退休年龄25年），《每日电讯报》的编辑们毫不犹豫地称女王为"最勤劳的工作者"。

之前女王如此勤劳，可能是因为她当时还年轻有干劲，比如，女王在加冕仪式之后就马不停蹄地开始工作，在任第一年，女王就成功完成了500项王室公务活动。但在过去的几十年中，这一数字基本没有变化，这就不是女王年轻的原因了。在82岁高龄时，女王在一年内依然进行了417项公务活动，这些活动让女王基本上无间歇地从一个访问（访问学校、社区中心、其他国家）跳到另一个访问，与此同时，女王在一年中还要在不同欢迎会和仪式上接见5万余人。而这些仅仅是女王的公共职责。在公众视野之外，女王桌上的红盒子里每天都装满了英联邦的议会报告、外国电报、情报文件、每周公文等，需要女王细细阅读，这项工作需要女王每天花费3小时左右，一年中只有两天可以不对文件加以审阅。世界上的其他办公室工作者大多还能在累人的一天过后把工作放在一边，但女王则没有下班的时候。无论是在王位上，在浴室，还是在床上，无论何时何地，她永远是英国的女王。

"当国王可不是挂名闲职那么简单。"乔治四世疲惫地评论道。他惊讶于作为君主每日要做的苦差事之多，这样的工作量使得其后继任者要么立，要么废。王太后坚信，就是国王的重担压垮了她的丈夫伯蒂（乔治六世），导致他在爱德华八世退位之后不能享受本应得的安逸乡村生活。由于患有严重的焦虑症，也长期受口吃的影响，伯蒂在民众对现代君主日渐严苛的标准前显得力不从心，他只能通过不停地吸烟和熬夜工作来应对，这最终导致他在56岁时英年早逝①。"他确实为英国鞠躬尽瘁了。"他的私人秘书这样说。

剧作家阿兰·本奈特（Alan Bennett）在其戏剧《疯王乔治三世》中精

---

① 吸烟这一恶习让自己的父王健康受损，伊丽莎白二世自然在让菲利普亲王戒烟这件事上十分坚决。菲利普亲王之前烟瘾很大，但也以极快的速度乖乖戒了烟，从之前的一天一包烟，到后来大婚当日直接完全戒烟。

准地把握了这一点，他写道："王位继承人并非一个身份，而是一个困局。"
玛格丽特公主也有同感，只不过她是用更孩子化的语言说出的。当她意识到
自己的伯伯退位后，自己的姐姐有一天会成为女王时，她转向伊丽莎白二世，
能说的也只是一句带有无限同情的"你好可怜"。基本上每一位王位继承人
（无论是否已被除名）都曾公开说过类似的话。最近，哈里王子曾问道："英
国王室里有谁想当国王或女王吗？我觉得没有。"即便哈里王子目前是英国
王位第六顺位继承人，他还是不想为继承王位留一点可能，之后就跑去了北
美过着半退位的生活。

玛丽王后在过去很长一段时间里都十分担心王室职责会让自己心爱的
孙女伊丽莎白二世不堪重负。毕竟在那之前，温莎王室里还没有人能应付
自如。他的一个儿子直接拒绝了这份职责（爱德华八世），而另一个儿子
则在巨大的压力下日渐崩溃（乔治六世）。难怪她会写道："我只希望他
们不会让伊丽莎白二世这个可怜的孩子过劳死。"

幸好，这一发自内心的担忧并没有成真。伊丽莎白二世女王不仅顶
住了来自现代社会对王位的种种挑战，比起历任国王和女王，她甚至承
担了更多工作，审阅了更多文件，会见了更多宾客，也访问了更多国家，
从未向压力低头。她在 1953 年首次圣诞节致辞中所许下的诺言并非只
是说说而已，而是一生的誓言，她发誓"在余生中的每一天，将全身心
地履行职责"。到了 90 多岁，大部分人都会在玩宾果游戏中度过余生，
而女王则一直遵守着这一誓言，每周要工作 40 小时以上。依照散文作
家汤姆·奈恩（Tom Nairn）所说，女王浑身散发着"一种源源不断的
活力"。

在接下来的内容中，我们将对其一探究竟。这种活力背后是一种掌控
力，她将工作以一种最有益自身的方式进行管控。整体上可以称为"丽兹

工作法"，会让人们在第一次接触时大受启发又难以适从①。一位新闻工作者曾准确地描述称，和女王在一起难免会受到她"坚定的凝视"，这似乎是在说："我的工作做完了，你呢？"

———————

① 比如凯特·米德尔顿，她在与威廉王子订婚之前，工作状态是很不明确的。然而在见到女王之后，她几乎立刻就开始了职业生涯，成为一家轻奢服饰品牌 Jigsaw 的助理导购。这也印证了英国国会议员基思·约瑟夫（Keith Joseph）的夫人曾对传记作者克里斯托弗·安德森（Christopher Andersen）所说的那句话："女王并不指望身边的人像她一样卖力工作，但起码还是要工作的。"

法则五：遵从内心节奏

我发现，我的新主顾这一家人十分有条理。

——伊丽莎白二世的女家庭教师马里恩·克劳福德

这听起来可能像是《欢乐满人间》里的角色才会说的话，但如果你想了解女王独特的工作机制，首先要请一位正宗的英国保姆，至少从理论上讲是这样的。类似克拉拉·奈特（Clara Knight）和玛格丽特·麦克唐纳（Margaret MacDonald）这样的王室保姆，称得上是女王儿时的太阳和月亮（"亚拉"和"波波"），他们严格把控着固定的日常起居，像四时更替一般确定且给人以慰藉。

这两位王室保姆都坚定地认为，条理性以及有规律且周而复始的日常时间表均十分重要。作为一个传统的苏格兰女人，波波尤其如此。因此，伊丽莎白二世每天都会被准时放在婴儿车中推到室外，准时用晚餐，准时上厕所，在育儿室中进行着固定的日常。一切都要按波波的时间表来，连上厕所的时间也要准时。又或者说，一切都要按照玛丽王后的时间表来。毕竟，王室保姆们都是在遵照她的命令行事。玛丽王后对条理性十分在意，甚至经常在育儿方面干涉她条理性较差的儿媳，她会提醒当值的保姆说："除非孩子生病，按时按点起居对于孩子的成长至关重要。"这种生活充满了限制，但伊丽莎白二世则在这样的条条框框中茁壮成长。

女王喜欢生活在这种条条框框的保护之下，她有着足够的时间和空间做任何事情。对于女王在儿时表现的一些描述可以显示出，比起杂乱无章，女王更倾向于井井有条。在圣诞节和生日的时候，她不会把礼物包装纸和绸带扔得满屋都是，反而会仔细地将包装纸和装饰物叠起来，保存以另作他用。被女王亲切称为"克劳福"的女家庭教师也发现，女王会在一天结束时把玩具马整齐排列起来，还会在晚上将旁边椅子上的衣服和鞋子摆好，认真劲儿十足。有时候，她还会突然从床上跳下来，就为了保证自己的鞋子是平行摆放的。对于女王的父王来说，这些小习惯已经超过了孩子的那种"细致劲儿"（我们今天可能会将之称为强迫症）。玛格丽特公主也总是模仿女王在睡前从床上跳下整理鞋子的样子，这总是能把育婴室的工作人员逗乐。但现在回想，这些小习惯正是女王日后的成功所依赖的基础。

作为有时被王室成员称为"公司"的皇家首席执行官，女王从小对条理性的重视让她为继承王位做好了准备，毕竟这一职务充满了严苛的作息和日常的规矩。尽管其他人可能会觉得这有些束手束脚，但女王却觉得"将自己儿时的习惯用在古老皇宫中严格的时间表、历史悠久的传统，以及有些陈旧的规程上，是十分有益的。"传记作家卡萝丽·埃里克森（Carolly Erickson）这样说。基本上从她登上王位以来，女王的日常在过去这么多年间几乎一成未变。每天早上 7:30，女王都要喝一杯提神醒脑的伯爵茶，在早餐前沐浴，在早餐时阅读大量新闻报刊。上午要么在会议中度过，要么在审阅文件中度过。下午在皇宫外进行访问，然后赶回来喝茶，阅读更多的议会报告。之后，可能会参加鸡尾酒会或公开晚宴，最后在晚上 11 点前拿着日记本或最爱的读物上床休息。

一年又一年，王室事务也是如此一成不变。政评家安德鲁·玛尔（Andrew Marr）说："在每一年，每一个季度，相同的事务、相同的讲话，以及相同的活动都会重复上演。"从面向公众的活动——比如女王在英国国会开幕大典上的致辞，以及女王每年的电视圣诞致辞，到女王的私人行程——比如女王每逢节假日必去的巴尔莫勒尔堡和桑德林汉姆庄园，都会固定发生。实际上，如果有人想追踪女王一年中的行程，那他只需查看《宫廷公报》这一每日刊发的皇宫公告即可。公报的名字就隐含了巧妙的一语双关：每过一段时间，王室的日常就会重印一遍。

*

在现今对新鲜感如此追捧的背景下，人们可能很难理解这种恒久不变是多么可贵，而英国的历任君主则一直如此。在都铎王朝时期，伊丽莎白一世就曾骄傲地将自己所奉行的准则做成了纹章上的格言："始终如一。"（Semper Eadem）对于英国历史上这一存在时间最长的体制来说，为了改变而改变从来没有好的结果①。王太后本人就是这一格言的活生生的体现，她总能瞬间看破那些看似是进步，而实则只是无脑的当红潮流。

在新的千禧年之初，前英国首相托尼·布莱尔试图用自己"酷不列颠"的宣传攻势为英国的国家形象增加一丝时髦感，而民众对这丝毫不酷的宣传一点也不感冒，在一旁观望的王太后带着无限怜悯。"可怜的不列颠，"王太后对一位朋友说，"不列颠肯定不喜欢扮酷。"托尼·布莱尔没有意

---

① 詹姆斯一世（1566—1625）喜欢在虚构的故事中展现君主一成不变的一面。在怀特霍尔宫所上演的宫廷假面剧中，代表着混乱无序和腐朽的象征会在表演中胡作非为，直到下半场的表演中，国王会亲自上场重整秩序。

识到（他小的时候肯定没有保姆照料），一以贯之和一成不变可以让人感到无比安心。约克公爵夫人莎拉·弗格森"经过惨痛教训"才领悟了这一点。她在英国王室之列时过于多变，还曾妄图以自己的方式将皇宫的气氛带得活跃起来，但她之后经受了一个又一个不曾预料的丑闻，直到毁灭性的报道让心力交瘁的她开始渴望稳定的生活。如今，她承认自己更喜欢固定的日常和有规律的活动，这样她就能在其称为"可预期的舒适感"中将生活稳定下来。

她本可以从女王那里得到这一经验。女王经久不衰的人气大部分来源于她的稳如泰山，这一特质就像一生挚友一般，让人感到无比温馨。女王每年的固定活动，她远离丑闻的做法，甚至连她一成不变的发型都成为英国民众生活中可以依靠的常态。尽管戴着熊皮高帽的英国警卫们会进行日常巡逻，但女王才是英国永不改变的真正守卫。"我一生中都有女王的存在，"因出演《唐顿庄园》而出名的演员女爵士玛吉·史密斯（Maggie Smith）这样说，"我无法想象没有女王的日子，这太难以想象了。"

在女王登基 50 周年之际，查尔斯王子准确地称自己的母亲为"在深刻甚至危险的变革面前，一个传统而恒久不变的指路人"。英国上下对这一点纷纷表示赞同。曾经多少与女王有过交集的人们一般都会用"可靠""可信赖""冷静""稳重"来形容女王，就连其最为坚定的批评者也是如此。海伦·米伦可能是抱着对王权近乎不屑的态度参演电影《女王》的，但在完成对女王这一角色的塑造之后，她对女王产生了无比的敬意。"在如此漫长的时间内保持稳定，这让人异常安心，"米伦说，"这显示出了无比的可靠性。女王从没有产生过偏离。"

*

　　像米伦一样，由于我们的大脑都在稳定的情况下表现得更好，所以我们都喜欢稳定性。无论是被称为惯例、习惯或日常活动，重复性的活动能让我们的思考更上一层楼。日常习惯让人们的身体能够恒速运行，在做我们生活中的大部分事情时，这种状态是最为轻松的，这就解放了我们的大脑，让我们能关注于单调日常外更重要的事情。（比如从理论上讲，人们在刷牙的时候也能创作出一首十四行诗。）

　　尽管我们通常认为，日常习惯这种不费脑的行为是在抑制思维活力，但事实却恰恰相反。日常的生活越规律，就越能为更重要的事情留下更多脑力。在对一家德国高科技企业的员工进行研究后，社会学家们发现，相比工作方式更为随意的员工，"工作流程越固定的"员工越有可能产生新点子，也越有可能对产品加以改进，而非反过来。历史上那些著名的艺术家、小说家和哲学家重复的工作状态也说明了这一点。

　　连环漫画《呆伯特》的作者斯科特·亚当斯（Scott Adams）说，自己每天清晨的习惯都是有意固定下来的，"每天都是一个步骤接着一个步骤"。就连早餐吃蛋白棒的习惯都是固定下来的。"换句话说，"他解释道，"我在早上将自己的身体切入到自动驾驶模式，这能让大脑生出更多创意。"仅这一点就解释了为什么一般拥有更好想象力的孩子们，能在有规律的生活保障下茁壮成长（而当他们的进食和睡眠习惯被打乱时，他们整个人会变得疯狂）。

　　很多年之前，博纳姆－卡特（Bonham-Carter）爵士夫人的儿子在"二战"期间来温莎古堡与伊丽莎白二世和玛格丽特公主同住，从战时充满不确定的生活转换为在王室屋檐下井井有条的生活，王太后记录下了这位小访客的举止几乎在一夜之间产生了巨大的转变。"我很欣慰地发现，温莎古堡中体面的日常让他得以休憩和恢复，"她写道，"这里'有女家庭教师，也有教室'，这样的氛围在目前……是非常具有疗愈作用的！"

王室的日常通常有着宗教般的"沉静感"，英国历史学家大卫·斯塔基（David Starkey）这样说。他将女王的工作日常描述为"更像宗教礼拜"，而不是看似无序的会面和活动。女王的生活有一种令人安心的周而复始感，他说，"像极了教会年"。对于像伊丽莎白二世这样由坎特伯雷大主教官方"受膏"的人来说，这丝毫不奇怪。在过去的几千年里，遍布西欧的宗教团体都依赖着惯例所带来的清晰感和专注感。而其他不似这般与宗教有渊源的人们也会发现，遵循类似的传统也能带来奇效。受到修道院严格作息生活（特蕾莎修女等心无旁骛的人都如此生活）的启发，作家霍利·皮埃洛（Holly Pierlot）改变了自由散漫的工作方式，转而开始了"有规律的生活"—— 一天中的安排都按优先顺序被分配到了固定的时间段，连娱乐和休息也不例外。在开始实验前，她以为这将毁掉自己"所珍视的有感而发"，最后却发现，这让她的生活产生了翻天覆地的变化。她在《母亲的生活准则》一书中写道，这一精确的作息时间表"让我不受各种顾虑和担心的干扰。之前我会漫无目的地环视家里，决定要先做什么，而当我正在做一件事情的时候，就会有其他百十件事情涌入脑海打扰我。而现在我知道了什么时间去做什么事情。我知道要在晚餐前打扫屋子，这样我就不会整天不停地打扫了"。皮埃洛说："当我都没有时间和精力去享受有感而发的瞬间时，我之前所看重的这点就是毫无意义的。"

被女王称为"时间表"的日程就起到了相同的作用。这不仅能让女王专注于眼前的工作（需要审阅的文件，或是与英国首相的惯常会面），还为日常工作设定了不可或缺的限度，从而为一天中的小憩和喘口气的机会等个人需求留足了时间，如果不这样做，女王可能永远不得休息①。

现代的心理学家们对这一点十分认可，在这方面，将目标和日程写下来很有用。这样一来，就能避免常见的"蔡格尼克记忆效应"。这是大脑一种神奇（而又讨厌的）作用，大脑会不停提醒你那些还未完成或将要来临的工作。"蔡格尼克记忆效应"会让人们脑海中强迫似的充满着未尽事宜，如今这也成为工作中最令人分心的几大原因之一。正如霍利·皮埃洛所观察到的那样，着手一件事情的时候会让"百十件事情"涌上心头，每一件事都让人分心。而在着手每件事的时候写下具体的计划则能有效应对大脑的喋喋不休。这似乎是我们的潜意识在驱使着我们在脑海中创建一个架构，以此按轻重缓急的顺序排放要做的事情，只有在我们这样做了之后，才能不受打扰地进行工作。这就说明了为什么在各个行当中总有人可以如此出类拔萃：将目标写下来的人们更有可能完成目标，他们会有条不紊地一次勾掉一件事。

*

女王的时间表存在的意义就在于可以加以限制，能够提醒女王自己身体的极限所在。这反而让女王在工作中有了更多的自由和灵活性，而非相反的结果。英国散文作家吉尔伯特·基斯·切斯特顿（G. K. Chesterton）很好地解释了"限制"这一看似矛盾的优点：想象在危险的悬崖边有一个操场。操场边缘设有高高的围栏，围栏保护着孩子们，从而

---

① 女王的时间表是无比紧凑的，有时会精确到分钟。传记作家莎拉·布莱德福德（Sarah Bradford）叙述了女王即位不久后一个晚上的安排：女王在下午6:30会见法国总统，在下午6:45会见土耳其总统，在晚上7点会见南斯拉夫主席团团长。

让他们在其中安全地自由奔跑。然后想象将围栏撤掉，孩子们会立刻停止乱跑乱跳，很快就会停下所有的动作，只会在远离悬崖的地方聚在一起惴惴不安。对切斯特顿来说，要想拥有绝对的自由，就要知道如何为自己设限。他认为，无穷的快乐来源于"对自身的自主控制"。这和心理学家米哈里·契克森米哈赖（Mihaly Csikszentmihalyi）的观点不谋而合，他在自己的经典专著中传授了获得最佳生活体验的古老箴言："西塞罗曾这样写道：要想获得完全的自由，必须服从一系列的法则。换句话说，限制让人得到解放。"

王室的惯例教会了伊丽莎白二世应在何时接受新的任务，而更重要的是，她学会了何时拒绝。可惜查尔斯王子没有尽快养成这一习惯。在成年之后的大部分时间里，他都在抵抗固定的安排，拒绝为自己设限。这让他自己、员工，以及妻子戴安娜王妃都为之所困。"我的生活状态近乎愚蠢，"在一次电视访谈中他如此承认道，"我总想做太多事情，总是横冲直撞。这是有问题的，我得学会管住自己。"一位在王室工作的助手曾说过这样一句令人难忘的话：让查尔斯王子按照设好的流程来办事，就像"把果冻钉到墙上"一样困难。

智慧总是隔代遗传，在王室当中尤为如此。在对条理性的重视方面，威廉王子更像自己的祖母。刚开始在伊顿公学上学的时候，远离了家里那些吵闹不休的风波，威廉王子在这所以严格作息而闻名的学校中茁壮成长起来。和女王的时间表极为类似的是，威廉王子在伊顿公学的日子排满了各项活动和任务（从早上 7:30 到晚上 10 点都有安排），比起大多数成年人一周的安排，有过之而无不及。但这些都是合理的安排，让备受创伤的威廉王子有一种熟悉感并获得慰藉的同时，还为未来做好了准备。现在，比起自己备受困扰的父亲，威廉王子非常擅长平衡自己王位继承人、人夫、人父这三重角色。

如今，在威廉王子和凯特王妃的育婴室中，一位"诺兰德"保姆是必不可缺的，其帮助抚养下一代的王室子嗣。诺兰德保姆均从著名的诺兰德保姆学院毕业，对惯例和规矩尤为看重。诺兰德保姆学院最有名的毕业生——布伦达·阿什福德（Brenda Ashford）是英国史上工作时间最长，也最受欢迎的保姆之一。在62年的工作生涯里，阿什福德照料过的孩子数不胜数。她负责的托儿所是充满爱和纪律的孵化室，她80多岁时，人们还会拜托她出山。人们经常会问她秘诀是什么，而她总会一以贯之地这样回答："其实很简单。孩子们都喜欢有规律的生活。"显然，长大后的我们依然如此。就连英国女王也要听从内心的保姆，才能达到最佳状态①。

---

① 直到20世纪90年代，女王依旧会听从自己现实中的保姆的建议。保姆"波波"在女王的左右服侍了67年。在女王成年之后，无缝衔接地成为女王的官方"服装师"。波波成为女王一生的知己，成为女王和童年之间永不消逝的联系。据说波波是除女王家人之外唯一可以叫女王乳名——"莉莉贝特"的人。

法则六：恭敬者生存

注意！你将进入一所传统建筑。

——某王室寝宫外指示牌

　　根据可能会引发心脏病的工作行为来说，女王都应该心脏病发作好几次了。或者她至少也会像一个憔悴而又压力爆表的主管，最后被工作逼到尽头。对于王权和整个国家来说，这就像是一个心脏病发作的倒计时炸弹。除了圣诞节和复活节，全年工作无休，这种全天 24 小时一直在工作的状态，对谁来说都会难逃以上的命运。女王的夜晚和周末都不属于自己，而是要在家中或在全世界范围内参与数百个与工作相关的活动。或许是全凭自愿，又或许是迫于议会的压力，女王整个人都散发出一种 A 型人格工作狂的气质。"我必须去看文件了。"女王有一次在和朋友们小聚时这样说。"啊？不再待会儿吗？"朋友们都挽留道。"要是我落下了一份文件，就永远别想搞清楚了。"女王回答道。

　　用王室传记作者们的话来说，这项苦差事就是继承王位所带来的"职业危害"，这种工作压力本可以在多年之前就将伊丽莎白二世置于死地。对于一般的首席执行官来说，可能已经难逃厄运了。但白金汉宫并不是一般意义上的公司。王室的首领已经不断演进，调整自身，以适应统治国家所带来的巨大压力，这展现出了一种近乎演进式的生存机制。经过一段时间之后，这种机制有效减少了打倒过往国王的巨大压力，从而有效保护了王位之上的人。我们可以将其称为白金汉宫机制。对于像女王这样不停完善相关规范的王室成员们来说，在工作时列出女王式的工作安排也不失为一项乐事。

　　新闻工作者们习惯了自己疯狂而又激烈的办公节奏，他们在踏入白金汉宫之后，经常会为那里明显的不同——平静的氛围所惊叹。王室传记作者布莱恩·霍伊这样描述道，一旦穿过白金汉宫的门口，就会让人产生一种时间旅行的感觉，让人回到了过去那个"极为平静"的年代。就连王室雇员在谈话时都会带着些许骑士风度，无论当时是何种情境。作家巴兹尔·布斯罗伊德（Basil Boothroyd）所回忆的故事就是最好的例子。

　　有一次，他为了采集菲利普亲王的传记资料而到访白金汉宫，他偶然碰到了女王的私人秘书迈克尔·阿德恩（Michael Adeane），后者正在大步流星地穿越前院。见到他后，阿德恩立刻停下脚步，奉上了最礼貌的欢迎词，对着天气寒暄了几句，还贴心地询问了布斯罗伊德新书的进展。在充分礼貌地接待了布斯罗伊德之后，阿德恩轻声加了一句，就像是顺口一提那样："实在抱歉，我现在必须要走了。我刚刚得知我家着火了。我是不在意的，但是我家就在圣詹姆士宫里……"

　　从王太后的寝宫里也流传出过有关工作礼节的类似故事。比如，科林·伯吉斯少校在1994年成为王太后的侍从武官时，就接受了有关工作礼节的速成课程。当时的他刚刚从军队退伍，习惯唐突无礼地发号施令。但伯吉斯少校惊讶地发现，他根本没法让员工听从自己哪怕最简单的指令。他承认道："我一开始将级别较低的员工当作下属，也就这样对他们呼来喝去了。"他会唐突地给王太后的司机丢下命令，而对方也会用同样唐突而简短的回答应付他："你这么说，肯定没门。"最后还是一位明理的年长员工教会了他如何有礼貌地服侍皇家成员。伯吉斯少校之前表现得过于不好惹，而当他将自己的命令变为温和的请求，说话时充满了礼貌用语，就像是"以非常友好的对话方式"来麻烦对方提供帮助后，员工们都非常愿意配合。"我觉得这个地方的人都疯了。"伯吉斯少校如是说。

而这些对于礼貌不成文的规定则是来源于王室最上层。女王"对他人极其尊重"，马克·格林（Mark Greene）这样说，其曾撰写过一本有关女王为人处世的书。女王从来不将自己的雇员称为"用人"，并且认为让他人等待自己是一种极为不尊敬的行为，无论对方的身份如何。不仅如此，女王动怒的次数极其之少，一只手就可以数过来 ①。这种由上至下的礼貌氛围深深影响了女王最喜欢的私人秘书之一——马丁·查特里斯（Martin Charteris），其以安静的品行而著称。尽管日渐毒舌的媒体不断对其展开攻击，但据说查特里斯一直遵守着皇宫里的信条："可以肯定的一点是，我会让自己所见的每一个人都如沐春风。"

女王要接待许多专横的独裁者、自以为是的总统，以及数不胜数的明星，这些都不是她所喜欢的人，但女王都以礼貌而尊敬的方式接待了他们每一个人。2004 年，法国前总统雅克·希拉克（Jacques Chirac）晚上

---

① 女王发火的时候大多是短暂且令人捧腹的。2007 年，摄影师安妮·莱博维茨（Annie Leibovitz）想要女王穿着嘉德日庆祝活动的正式礼袍并戴着头冠进行拍摄，女王对此做出了相当明智的回应。当女王在更衣室里花费了大量的时间来满足摄影师的要求后，莱博维茨突然改变了主意——或许女王陛下可以摘掉"王冠"，不要显得这样隆重。"不要那么隆重！"女王指着自己肥大的天鹅绒嘉德礼袍说，"那这算是什么？"文化历史学家彼得·康拉德（Peter Conrad）说得好："如果一位造型师对自由女神说'亲爱的，把火炬放下'。可想而知自由女神会是怎样的反应。"

到访温莎古堡，为了接待他，豪华的滑铁卢厅也被临时更名为"音乐厅"，因为女王觉得在一间以纪念英国对抗拿破仑军队而取得决定性胜利为名的宴客厅中，法国总统会感到难堪。女王坚信，勿以善小而不为，小小的善意也会带来难以预料的巨大影响。不过，这需要我们越过温莎古堡，在更远的地方寻找佐证。

比如，日本的工作环境就基于这一相似的礼貌标准。礼貌在日本员工间过于盛行，以至于要将"竞争""冒进""独断"这样的西方概念译入日语，几乎是不可能的。就连随意用同事的名字称呼对方，在日本都会被视为不礼貌的行为。就是因为人与人之间在交往时这样的小心和周到，他们拥有低得令人羡慕的心脏病病发率也就不奇怪了。

但与此同时，日本也强调严苛的职业道德。在发达国家中，日本人倾向长时间办公，少有休假，这也会导致一些情绪最不稳定的工作狂产生。想到这一点，这一切又有些令人匪夷所思。社会心理学家罗伯特·莱文（Robert Levine）认为，这背后的原因就在于日本独特的工作环境。尽管刻意的竞争和敌对可以让你在美国的职场领先一步，但这也会同时增加工作环境中的压力，从而提高心血管疾病发生的概率。

在日本，A型人格的工作狂毫无疑问是受重视的，但"敌意和怒气……则在勤劳高效的日本人身上少有体现"，莱文说。他建议道："只要抱着正确的态度面对工作（不带任何敌意或竞争），就很少甚至根本不会提高得冠心病的风险①。"

---

① 有意思的是，随着更多美式企业文化（比如高压竞争）进入传统的日本工作环境后，日本人现在要时刻提防着一种全新的文化概念："过劳死。"

*

　　说回英国皇宫，这里一如既往地保持了一种平静的氛围。让人难以忘记的是，在 2009 年举行的 20 国集团峰会上，意大利政客西尔维奥·贝卢斯科尼（Silvio Berlusconi）总是不礼貌地扯着嗓子说话，为此受到了一通教训。在他朝着屋子另一头发出震耳欲聋的喊叫后，女王听不下去了。"这是怎么了？"她朝着聚在一起的各国领导人们发问，"他为什么要喊叫呢？"无论情势如何危急，大声发出激动的叫喊从来不是王室成员应出现的举动。

　　多年前，时任美国驻英国大使的约瑟夫·肯尼迪（Joseph Kennedy）在白金汉宫与乔治六世和王后一同喝茶时，就目睹了这一切。本来一切都很顺利，直到伊丽莎白二世的姨母——年长的埃尔芬斯通爵士夫人开始出现心脏病发的症状。肯尼迪本以为所有人会立刻紧张得尖叫起来，但他却惊讶地发现，身边的人们都"保持着镇定"。人们叫来了医务人员，也向肯尼迪保证，他无须惶恐地悄悄离开，因为"埃尔芬斯通爵士夫人已经感觉好多了"。

　　存在了数百年的英国王室见证了沧海桑田，他们十分清楚，无论遇到怎样的不测事件，他们都能平静应对。这也自然带来了工作氛围波澜不惊这一优势。一位皇宫内部人士称，就算今天有外国军队登陆英国海岸，女王也只会停下手中正在做的事，平静地说："我现在要知会一下治安长官。"因为无论女王在工作中承受着怎样的压力，这种由"不确定因素"而产生的压力是不存在的。

　　女王和其手下的员工都是未雨绸缪的大师，他们会提前好几年为最好和最坏的结果做准备，这都放在一种无比减压的前提下——"只要遵循合理的流程，那么一切危机都不在话下。"传记作家卡萝丽·埃里克森如此描述道。1997 年，戴安娜王妃在一家位于巴黎的医院里意外过世。这可能导致媒体瞬间陷入了因为未知而产生的恐慌之中，但英国王室早已有相关预案，任何王室成员在他乡身故，都会被送回英国举行葬礼。代号"霸王行动"的计划被默默启动，为女王留出了时间，让她能与自己的孙子们一同度过这悲伤时刻。

如此，才有了未雨绸缪这一看似矛盾的一面，这让女王能够活在当下，真正意义上保持她广为人知的"处变不惊"能力。换句话说，女王并不喜欢被称为"多任务处理"的现代社会弊端。她可能是世界上职衔最多的人（从皇家海军总司令到斐济最高领袖），但她"在办公桌前永远保持着无比的专注度和准确度"，传记作家伊丽莎白·朗福德这样说。此外还有许多传记作家都发现了女王"这有条理的一面"。就像她儿时将糖块排列起来一样，女王会将每天的任务依次列出，再以超强的专注力逐一解决。令人惊奇的是，《泰晤士报》在约 100 年前就曾有过相似的预测，一国之主成功与否并不取决于他们一心多用的能力，也不是有赖于他们"才智的高低……而是取决于其镇静度及忍耐力这些道德品质"。这一表述适用于现今几乎所有职业。

老实说，多任务处理不能算是不道德的行为，但也肯定算不上是高效的行为。实际上，多任务处理是一个现代都市神话。最新研究显示，人们也许能一次性执行一项以上不费脑的任务，就像马戏团的小丑能边吃蛋糕边在屁股上平衡另一个蛋糕一样，但要同时专注于两件事，我们的大脑则是完全无法胜任的。（可以想想那些因为边回信息边驾驶而造成的交通事故，或是那些边打电话边走路，结果撞上附近电线杆的人。这些事情的发生率太高了。）

斯坦福大学教授克利福德·纳斯（Clifford Nass）就属于打破这一都市神话的第一批人。纳斯教授将实验对象分为自称"擅长一心多用的人"

以及一心一意的人，并让他们参与一系列解决问题的测试。纳斯教授发现了与大众预期正好相反的结果，他承认道："这让我彻夜难眠。"比起一心一意的人们，一心多用的人们不仅更易被转移注意力，在完成任务时的准确度、速度、协调能力，以及过滤无用信息方面，也都表现得更为逊色。"一心多用的人们简直就是样样稀松。"纳斯教授总结道。

就连"多任务处理"这个词实际上都属于用词不当。由于真正的全神贯注是聚焦于某一项任务的，那些手中拿着大杯焦糖玛奇朵的人们扭捏作态地以为自己整日是在多线程处理问题，而实则只是在做着被研究者们称为"任务切换"的动作——快速地在任务之间转换。但任务切换并不十分高效。人们每次从一项任务切换到另一项任务时，大脑都需要时间恢复，也就是要重新熟悉之前任务的基本规则，然后再继续之前的工作内容。根据任务难易程度的不同，这一过程可能会花费几秒钟或几分钟不等。也许你认为这是微不足道的时间，但若不断重复这一过程，所累积下来的大脑恢复时间则是不可小觑的。目前有研究预估，要在任务切换的环境下从干扰中恢复，这会花去工作者们大约三分之一的时间。

*

注意力疲劳历来就有。在乔治五世统治期间，玛丽王后就曾抱怨过在他和国王工作时，经常会有烦人的干扰和"隔一小时就有的打扰"。"这太让人感到疲倦了，能把一个人的精力榨干，"她说，"比起在一件事上用功3个小时，每隔几分钟就将思维切换到不同事情上面，从重要的事务上转换到不太重要的事务上，或者反过来，这更让人感到疲倦。哦！我可太懂这种感受了。"

要是玛丽王后看到我们的现代社会充满了分散人注意力的短信、推文、提示音、电话铃声以及帖子，一定也会说出令人醍醐灌顶的话。而这正好说明了女王在工作时所做出的一项决定是多么的明智：她拒绝和手机绑定在一起。安德鲁王子曾在 2001 年时送给女王一部手机，在那之后，女王的孙子们也教会了女王如何打字①，但无论是在工作时还是在公共场合，从没见女王摆弄过这个电子物件儿。

女王曾在 2007 年十分有礼貌地接受了奥巴马总统送给她的 iPod 音乐播放器，但她并不喜欢这类电子产品对其子民的影响。"我怀念能和他们对视的时候"，她曾对时任美国驻英国大使马修·巴松（Matthew Barzun）如此动情地说，感叹着电子产品和带摄像头的手机如今奇怪地横亘在她和公众之间，挡住了人们可爱的面庞。引用安妮公主略显直白的话语就是，公众对算不上智能的智能手机如此信任，简直是"莫名其妙"。

对于一项设计初衷是使人沉迷而非为人提供帮助的产品来说，这样的批评也无可厚非。据前谷歌公司员工特里斯坦·哈里斯（Tristan Harris）称，智能手机的算法故意做得与老虎机这一人类史上最令人上瘾的发明类似。智能手机中那些新信息和新推文会产生令人目眩和分神的嗡嗡作响的提示音，让我们产生了一轮又一轮对不可预知的期待，手机就这样一次又一次吸引着我们。美国人一天平均要查看手机 52 次，无意中花在看屏幕上的"时间"成了浪费我们宝贵时间的最大元凶。约克公爵夫人曾试图应付数据和信息大爆炸的状况，但其最后发现，"现代的交流方式"会将我们变成"同时与太多墩布混战的巫师学徒"，同时处理着太多不断生成的水坑。她最

---

① 据说爱开玩笑的哈里王子曾借机在女王的手机上录制了如下电话留言："嘿，近来如何？我是丽兹！抱歉我现在不在王位上。要转接菲利普亲王，请按'1'；转接查尔斯王子，请按'2'；转接柯基犬们，请按'3'。"

后发现，"本想用高科技节省时间，最后却浪费了自己的大半天"！

之前除了特别的需要，手机在皇宫内一律被禁止，直到最近才被允许使用。但女王在场的时候，如果手机不合时宜地响起，女王的反应也会让你脊背发凉。比如有一次，英国国际发展部部长克莱尔·肖特（Clare Short）在与女王进行高级别会议时忘记将自己的手机静音。当手机意外响铃后，女王几乎立刻就说："快去接吧，亲爱的，可能是重要人士打来的。"

乍一看，这不符合女王这样全力以赴工作的 A 型人格，女王在一周中所完成的事务要比一些人在一整年中完成的还要多，而这些人还会在一年结束时发自肺腑地惊呼一声"我真是个了不起的女人"！但就是因为女王没有在电子产品上面赶时髦，才使得她这些了不起的成就成为可能①。因为像皇宫这样一个在伦敦经营时间最长的办公大楼，速度并不能与成功画等号，要说起来，速度反而意味着压力，也会降低人与人之间的礼貌程度。毕竟，有些信息还是要以皇家传统方式来通报才能让人完全消化：消息要被放在银盘上，由走着的侍从端来。

---

① 想学习女王这一点的人，可以参阅一本十分有用的书——凯瑟琳·普莱斯（Catherine Price）所写的《如何与手机分手》。像关掉邮件提示这类小小的动作都能大幅提高你一天的效率。

法则七：独处时也不要驼背

优雅的体态就是力量。

——佛罗伦斯·斯科维尔·希恩（Florence Scovel Shinn）

鉴于女王在场时的气场之大，你可能以为，和女王面对面相遇后，身体只能往下走。也就是说，大部分人面见女王后都会弯腰屈膝，试着鞠出最深的一躬，或是行最深的屈膝礼（要是能像《国王与我》里那个阿谀奉承的群演一样将头点地，还有额外奖励）。但神奇的是，真实情况与之相反。人们在第一次面见女王时，都会不由自主地站得更高更挺拔，整个人会绷得少有的直。

"女王能让人们挺胸抬头。"马丁·查特里斯这样说道，回想起数千个塌着肩膀的人在面见女王后都神奇地挺起了身体①。无数政客和名人在到访皇宫后，其仪态一般都会变得与之前不同，肢体语言专家们对此阐述了无数理论。但这其实有个更简单的解释。就像是王室版的有样学样，大家

① 众所周知，撒切尔夫人（Margaret Thatcher）是个例外，她会行极深的屈膝礼，深到让女王都会产生不适感。"她的屈膝礼都要低到澳大利亚去了。"撒切尔夫人的一位主要副官鲍威尔勋爵这样说。

都只是在模仿着女王这一身姿最挺拔的在世君王而已。

据王室传记作家们所说，女王的仪态简直可以被称为国宝。其原因也显而易见。稳定的仪态意味着稳定的君王，这成了王室的象征。能够保持王室一般挺拔身姿的人通常都具备一定声望，而这样的仪态在女王刚登基时的确对她有所帮助。对女王大部分的臣民来讲，这样的仪态让女王看上去就是王位的继承人①。女王即位后的第一任英国首相温斯顿·丘吉尔就是这样想的。在他还没有了解女王更深层次的品质之前，令他大感欣慰的是，至少伊丽莎白二世看起来就像个女王。他曾说："就算让拍电影的那帮人找遍地球，也找不到任何一位比伊丽莎白二世更像女王的人。"

有感于将来有可能会进入伊丽莎白二世时代，其他观察着这一切的人用更温文尔雅的语言赞叹了女王的仪态。比如，艾尔利伯爵夫人就曾沉醉于女王那高贵的"头颈仪态"（也就是说，女王不会像乡巴佬一样脖颈前伸）。其他人则倾向引用诗人亚历山大·蒲柏（Alexander Pope）的诗句——"多么迷人的风度！多么威严的风采！她有着女神的动作，也有着女王的神态！"随着女王其他卓越成就超越了一把普通尺子也能做到的身姿挺拔这点之后，类似的夸张赞叹也在几年之后逐渐消散。不过总的来说，女王优雅的仪态依旧给人们留下了深刻的印象。

传记作家英格丽德·苏厄德（Ingrid Seward）在过去几十年中一直注视着女王的一举一动，据其称，女王在王位上从来没有驼过背，或者说女王坐着时从来没有塌过肩。在 2015 年，苏厄德曾这样写道："在过去

---

① 这其实没有听上去那么牵强。在20世纪20年代的时候，有一位名叫"安娜·安德森"（Anna Anderson）的人称，自己就是下落不明已久的大公夫人阿纳斯塔西娅，也就是俄罗斯帝国末代沙皇最小的女儿。有人之所以支持她，就是因为她有着良好而又娴静的仪态，他们认为这样天然的举止只可能是在宫廷环境中养成的。

的 77 年里，女王在公众面前一直保持着笔挺的坐姿……无论面对怎样无趣的演讲都是如此。"那些近距离观察过女王的人，比如摄影师和艺术家们，他们也曾说过相同的话。澳大利亚画家威廉·达吉（William Dargie）有一次需要为女王创作一幅纪念肖像画，为了捕捉女王的神态，女王每次都需要一动不动坐很久，这样过了七次之后，完成画作而离开的画家惊讶于女王"笔挺的后背……从来没有塌下过"。像她那个时代和阶层的大多数女人一样，女王在儿时就养成了保持良好仪态的习惯，这在一开始也不仅仅是"良好教养"的表现。王太后一直坚定地认为："作为淑女，后背永远不能贴着椅背。"而这一习惯则为日后女王的日常工作带来了实实在在的好处。

*

可能你所想的女王这一全英最有名望的工作不应该是这样，但女王一天大部分的时间都伏案于文书相关的工作。那些红色文件匣里层层叠叠的政府公文会让女王在桌前连续工作好几个小时。根据相关职业数据来讲，女王本应像世界上的其他文员一样，长期忍受着相同病痛的折磨——尤其是下背部疼痛、肩颈疼痛、胸痛，以及髋关节疼痛。使人久坐的工作有着奇高的危害性，在办公室久坐的上班族，其发生骨骼肌相关病痛的概率远远高于其他行业的从业者，甚至（让人惊讶的来了）高于建筑行业从业者。而女王则相对安然无恙地避开了长久伏案工作所带来的危害。在女王长期的工作生涯中，"根本没有出现过背痛"，传记作家伊丽莎白·朗福德这样说。而这与女王优雅而挺拔的身姿有很大关系。

英国前首相安东尼·艾登（Anthony Eden）的妻子克拉丽莎·艾登

（Clarissa Eden）曾观察过女王工作时的样子，女王的背部会保持挺直，并很好地"与椅背拉开一点距离"。克拉丽莎·艾登惊叹道："她可以这样连着坐上几个小时。"对于不常这样做的人来说，这听起来就让人觉得疲惫和痛苦，但从长远来看，保持良好的坐姿是预防慢性肌肉痛和骨痛的唯一方法。不仅如此，女王笔直的坐姿正好就是许多理疗师们所建议的姿势，这是治疗伏案工作相关疼痛的最简便、最便宜的方式 [①]。即便是最昂贵的人体工学椅也无法与人们身体天然的无痛支撑相提并论。

女王还小时，就已经会自然而然地保持良好的仪态。有一张拍摄于 20 世纪 30 年代晚期的伊丽莎白二世公主时期的经典照片：当时的她在弗罗格莫尔庄园外野营，与一群女童军站在一棵大树旁。照片中的其他女孩都是心不在焉的放松状态，四肢放松且低头垂肩，伊丽莎白二世（当时仅 11 岁多一点）则站得笔直。如果你也有一个像玛丽王后这样的祖母，相信你也会这样。据说，伊丽莎白二世在儿时就形成了良好的仪态，这在很大程度上要归功于玛丽王后。众所周知，玛丽王后也会维持笔挺的站姿，看上去甚至要比自己的国王丈夫还要高上好几厘米（但实际不是），这完全是因为她在当时被称为"绝佳仪态"所呈现出的笔挺身姿。

伊丽莎白二世简直就是玛丽王后的复刻版。"教会那个孩子不要动来晃去。"玛丽王后曾这样指示王室保姆们。从伊丽莎白二世女王早年的照片可以看出教学很快就有了成效。摄于 1932 年的一张照片显示，伊丽莎白二世与自己的祖父母坐在一辆敞篷马车上，面带微笑的同时，保持着一

---

① 要想拥有像女王一样的坐姿，教人们进行无痛生活的专家李·艾伯特（Lee Albert）建议，可以先从有辅助式的坐姿开始。他说，先找一个容易被塑形的小枕头，越便宜越好。在椅子上先坐直，将枕头卷起或揉成一团，再将其紧紧卡在椅子和你的下背部之间。可以调整枕头的软硬以改变支撑度，直到头部与肩膀上下成一条直线。

个6岁孩子少见的笔挺姿态。无论是在外人看来，还是在王太后自己看来，伊丽莎白二世似乎从生下来就保持着"板正"的坐姿。

很有可能的是，你在出生时也有着相同的姿势。所有健康的婴儿都是这样。婴儿只要一学会独自坐下，就会迅速找到身体的重心，本能地将脊柱调整到近乎完美的位置，从而支撑自己。与之类似，蹒跚学步的孩子们也要比大多数T台模特上身挺得直，就是因为他们会本能地顺应身体更喜欢的平衡状态：将体重均匀分布在两腿上，而头部则稳稳处在肩膀正上方。但大多是因为在校时在课桌前耸肩驼背，我们养成了一系列坏习惯，从而丧失了让身体保持平衡的本能。但这种本能并未完全消失。当我们以不正确的坐姿或站姿持续较长时间后，这种本能通常就会以身体疼痛的方式表现出来。我们的身体只是需要重新学习这种最天然的姿态①。

拥有一位固执于此的祖母让女王本人获益匪浅。这让女王从未忘记这一人人都有的本能。不过女王自己知道，她在这方面是异于常人的，也很愿意指点那些仪态不对的人。苏珊·克罗斯兰（Susan Crosland）是英国外交大臣的夫人，她就曾在20世纪70年代接受过女王在这方面的临时授课。她当时十分不解，女王怎么能在外交场合连续站立数小时而不觉疲惫。"像这样，把两脚分开站立，"女王边解释边将礼服提到脚踝之上做演示，"两脚要一直保持平行，保证身体的重量是均匀分布于两脚的。其他就没什么了。"

---

① 一开始，可以先尝试我称之为"克莱尔·福伊技巧"的方式。毕竟克莱尔·福伊在《王冠》一剧的前两季都保持了完美的仪态。像克莱尔一样，将两只手拢在一起放在腹部，这就形成了一种临时的护背，不仅能提醒你站直一些，还能在整个过程中提供有用的支撑。说起支撑，女王本人也并不拒绝在衣服里放上能修正体态的垫肩，在女王上了年纪之后，尤为如此。

这样就有了能让人一眼看出的"温莎姿势"，海伦·米伦在电影《女王》中将这一姿势表演到了极致。毫无疑问，这个姿势让无数王室成员们免受脚酸之苦，但更重要的是，这也能让一个人的身子变得更稳。女王多年以来一直保持着良好的仪态，这对女王的平衡感起到了支撑作用。与女王年纪相仿的人大多会遭遇能致人残疾的摔伤事件，但即便已经到了多发摔跤的高危年龄，女王的身体平衡感依旧不减当年。

2013 年发生的一件有惊无险的事故就证明了这一点。当时已经 87 岁高龄的女王在桑德林汉姆庄园检验翻修的情况，她在进入一间没有光亮的外屋时，被门槛绊了一下。建筑师查尔斯·莫里斯（Charles Morris）向女王奔去，想要接住她，但却惊讶地发现，女王并不需要他的帮助。女王迅速找到了平衡，自然地摆正了身子①。王室传记作家们也许可以就此展开，以诗意的方式写下女王内心的平稳是如何扩展开来，让整个国家在充满不确定性的动荡年代中恢复平衡的，但这背后其实也有些科学道理。女王保持着王室特有的良好仪态，这不仅让她看起来像个自信的女王，也很有可能让她由外而内地相信，自己就是女王。

*

可以说，有关仪态对情绪的影响是近几年应用心理学领域最引人入胜的研究发现。1963 年，英国小说家缪丽尔·斯帕克（Muriel Spark）曾对这一点略微暗示过，即好的仪态"能让整个人的身心沉静下来……从而

①　类似这样的事件再一次印证了女王对"鞋跟高度"有所规定是多么明智。在选择鞋子方面，女王会固执要求穿着舒适的款式。"女王不会考虑鞋跟高度超过 5.7 厘米的鞋子。"英国时尚专家萨利·休斯（Sali Hughes）这样说。

让人达到自信的状态"——现在这有了事实做支撑。我们将身体伸展到最挺拔的状态，就会产生一系列神经连锁反应。睾酮（让人感受到力量）、血清素（调节情绪和幸福感）、皮质醇（控制压力）等荷尔蒙都极大地受体态的影响。

体态的影响力很大，正在戒酒的人如果能保持较好的体态，就会比那些垂头耸肩的人更有可能远离酒精，因为后者无意间选择了代表脆弱和失败的体态。与之类似，长期受抑郁、焦虑、害怕风险等困扰的人，或只是常有无力感的人，只要站姿和坐姿挺拔一些，都会因此受益匪浅。每次将外在的自我伸展开时，比如站得更挺拔一些，或向后伸展肩膀，我们内在的自我也会同时得到能量。这或许还能"在一天中不断影响着我们的心情"，社会心理学家达纳·卡尼（Dana Carney）这样说。情绪得以提升，身体有了活力，一系列让人产生自信的神经化学物质得以释放，这又会反过来让人站得更挺拔。"就像这样，良性循环开始了。"卡尼补充道①。

从王室的视角来看，尊贵的殿下亚历克西·路波米斯基（Alexi Lubomirski）在《王子的快乐生活之道》一书中就写到了近乎一模一样的观点。尽管他在很早之前就不再是波兰王子了（他现在是一名摄影师），但路波米斯基还是尽量让孩子们学习王室风范，只不过去掉了那些富丽堂皇的身外之物罢了。而他认为，为了做到这一点，仪态十分关键：仪态决定着情绪。坐姿要挺拔而有力，这能让能量更加自如地进入你的身体……

---

① 好的仪态甚至能激发人们的自控力。在一项于 1999 年进行的研究中，研究者们试图寻找能增强大学生意志力的方法，他们为实验对象们提供了一系列需要延续数周的自控力训练（比如，保持好心情或保持更好的体态）。令人意想不到的是，在数周中仅仅是提醒自己要保持良好坐姿和站姿的学生们，其在意志力方面表现出了最显著的整体进步。

走路时要抬头挺胸。深呼吸，感受胸腔的扩张。微笑时全身投入，表达对生命的赞颂。让大家看到，你是一个自豪的、自信的、有力的、开心的人。

女王自然会十分同意。而以女王为鉴，女王在场时觉得自己变得"更加大度，更为骄傲，更加有胆识，以及更加英勇的"人们，也会十分同意，新闻工作者约翰·沃尔什（John Walsh）这样说。垂头丧气是一项亵渎君主罪，是对君主大为不敬的。艺人们在进入皇宫表演前，都会收到一个长达 7 页的文件，里面会特意提到这一点。无论你是怎样的大腕儿，只要有女王在场，就绝不能耸肩，也不能靠着栏杆或桌子。将这一规矩铭记心中的人，可在皇宫中大有作为。而那些不以为意的人，就可以从英国编剧阿兰·本奈特的声明中参考自己的下场："臣民不可在女王面前闷闷不乐，他们没有资格这样做，放到之前，他们可能会被拖出去处死。"

法则八：永远不要停下

不到摔落的那一天，就一天不下王座。

——丹麦女王玛格丽特二世

2002 年，坎特伯雷大主教乔治·凯里（George Carey）到访白金汉宫，为女王带来了一个重磅消息。他称，自己已经 66 岁了，超过了英国法定退休年龄整整一年，也是时候将大主教的事情让给比自己更年轻、更有活力的年轻人去做了。大主教当时的眼神中肯定充满了神伤，似乎是在说：女王陛下，您不与我一同退休吗？对此，女王直截了当地回答道："哦，这我可做不到。我要一直坚持到最后。"不知道这是否让凯里觉得自己像个幼稚的后进生（伊丽莎白二世女王当时已经接近 76 岁高龄），但这在全国上下引起了人们出于好意的疑问和担忧。鉴于女王在过去几十年勤勤恳恳地服务大众，她为什么还不能坐享清福，带着工作成绩退休，将权杖交给自己下一位继承人呢？（大众一般认为，可以直接越过查尔斯王子，让威廉王子继任王位。）

欧洲的一些君王们尽管比伊丽莎白二世年轻很多，但都纷纷开心地丢下了王位。最近几年，荷兰女王贝娅特丽克丝、西班牙国王胡安·卡洛斯（Juan Carlos），以及比利时国王阿尔贝二世都决定退休，让自己年轻的后代掌管大权。就连教皇本笃十六世也在 2013 年毫无愧疚地跟上了"辞职"大潮,离开教皇的宝座,转而选择了安静的乡下生活。伊丽莎白二世当然也有资格卸下王冠。也许这还能让本就长寿的女王多添几年寿命。但退休并不像人们一直吹捧的那样有着万灵的效果,让一个人从自己毕生努力的工作中抽离出来,这将导致一系列意料之外的后果。正如一位皇宫的侍从对大众所说的那样:"有过被斩首的君王,有过被篡位的君王,但我们还没有过退休的君王。"而这背后有着充足的理由。

　　首先,这并不是因为女王固执己见。伊丽莎白二世并没有在效仿自己的祖先伊丽莎白一世,后者是一个上了年纪的暴君,拒绝分权,死命抓着王位不撒手。王位就是伊丽莎白二世的生命:其所带来的职责与身份是相生相伴的。女王会对那些轻易提及退位的人这样点明:"对我来说,工作和生命是相辅相成的,并不能将其割裂开来。"据安德鲁·玛尔所说,女王那一代人倾向于用工作定义自身(无论农夫、制鞋匠,还是君王都是如此),他们不会仅仅因为自己到了 60 多岁的退休年龄,就突然放弃工作。1948 年,当玛丽王后听说荷兰女王威廉明娜将为了自己的女儿而退位时,感到十分不解:"威廉明娜只有 68 岁,这种年纪可不能放弃工作。"玛丽王后觉得这并不是什么好事,而她的直觉没错。

　　人们很早就发现,从事需要高度责任感且服务于社会的工作的人(比如,警察和教师),他们在退休后的状态并不好。失去这一社会身份后,他们也连带失去了很大一部分的自我,有太多人在退休后不久就出现了健康问题,包括心理健康问题。退休后不久,他们患抑郁症的概率增加了 40%,而他们确诊一项以上身体疾病的概率则增加了 60%。这也解释了过去有关"美好生活"(即便是暮年生活)的定义与现在完全不同的背后原因。

　　过去,退休并不意味着边听吉米·巴菲特(Jimmy Buffett)的《玛格丽塔城镇》这样的休闲音乐，边在吊床上悠然度日，生活中完全缺乏有意义的工作，这并不符合人类出于自我保护的集体本能。

普遍长寿的日本社会都没有一个等同于"退休"这一概念的词语，至少不是像西方社会这样完全不用工作的状态。在离开公司之后，日本人对自身的工作技能有着十分灵活的看法，他们会想方设法让自己的一技之长发挥余热，直到暮年。日本人之间几乎不会谈及放下忙碌的脚步这样的概念，这一点与白金汉宫的氛围十分相似。与之相反，只要他们的身体还扛得住，就会一直做着粉刷、伐木、潜水采珠等工作①。引导着他们的信条是被称为"生命价值"（ikigai）的直白概念，这与休闲放松的退休生活截然相反，有时会被大概翻译为"忙个不停的幸福感"。

一直很崇拜东方哲学的查尔斯王子对这一概念并不陌生。他对马耳他进行访问时，在游览古城姆迪纳的过程中，看到了一位年长的小店店主，他记起这是自己1968年首次到访马耳他时就曾遇到过的人。"我已经91岁啦。"精神矍铄的小店店主带着炫耀地说。"不会吧！"查尔斯王子答道。"我已经快70岁了！"他又补充说，分享着似乎只有长寿的人之间才能懂的秘诀，"继续干活！永远不要停下。"但讽刺之处在于，查尔斯王子的母亲越是遵照这一长寿的秘诀，他在短时间内继承王位的可能性就越低。

已故的王太后确保了这一点。她培养出了伊丽莎白二世强烈的恪尽职守感，这是对"职责"一词更为文雅的表达，指的就是对自身及周围的一

---

① 当人们享受自己的工作时，维持较低程度的工作压力实则对人们有益。霍华德·S.弗里德曼（Howard S. Friedman）博士是加利福尼亚大学河滨分校的一名心理学教授，其曾对一组实验对象进行了超过20年的跟踪观察。他发现，比起较早退休和生活中完全没有压力的人来说，无论工作难易程度如何，那些持续投身于工作的人们寿命更长。

切应尽的义务。当王室成员中出现逃避责任的人时，王太后只需轻声在这个人的耳边说出这个词，对方会立刻明白她的意思。每个人都应该"恪尽职守"，也永远不应该从中退休。"无所事事没什么好处"，王太后会这样讲，"天职和职责"会催人奋进。

*

古希腊语中的良好生活（eudaimonia）这一概念几乎与这一点完全重合。这一概念是由亚里士多德创造并进行推广的，其宣扬的概念是：每个人心中都有天赐的才华，也就是真我，这赋予了人们与众不同的特殊使命或命运。基本上所有古代哲学学派都认为，人们要遵循内心对实干的指引，这通常会使人向伟大和美好靠近，也只有这样，才能换得"美好的生活"。

孩子们似乎天生就知晓这一点。即便是最不自我的孩子，也会经常暗自猜想，自己在某方面似乎是与众不同的。由于孩子们从小就生活在童话故事和幻想的王国之中，这种猜想大多会带有王室情结。

英国作家洛瑞·李（Laurie Lee）在自己还是一个生于穷乡僻壤的小孩子时，常常认为自己"是与众不同的，是一个年幼的国王继承人，自己或许是被秘密安置于此，为的是混在平民中生活。我的身世肯定另有隐情，为此我觉得自己异于常人，无比高贵。我知道，这个秘密有一天会被揭晓"。放在今天，好心的心理治疗师可能会立刻把这些"浮华的幻想"赶出他的脑子，但这是不明智的做法。更应该将这些念头定义为浮华的现实，因为这些念头反映出了研究者们如今认为十分重要的一项人生意义——追求。我们每个人都比自己所以为的更像英国王室。女王的牧师迈克尔·曼（Michael Mann）主教曾对女王说，"这种认为自己有特殊使命的感觉"

是普遍存在的。

第一位为此下定论的权威人士是著名心理学家维克多·弗兰克尔（Viktor Frankl），他在《追寻生命的意义》一书中写道："每个人在自己的一生中都有独特的使命或天职，要完成一项能为自己带来满足感的具体任务。他必须不可替代，他的一生也不可被复制。因此，每个人的任务及其完成任务的契机都是独一无二的。"弗兰克尔的话很有说服力。他作为纳粹集中营的幸存者，目睹了追求的力量所在，他观察到，与自己一同被囚禁的人们越能意识到和坚持舍我其谁的追求，就越能在集中营的折磨之下坚持下来。追求并不是自尊的锦上添花，而是决定人们生死的关键。

那之后，研究者们发现了大量可做支撑的事实，证实了拥有强烈的追求（或是王太后所说的"尽忠职守"）可延长寿命，降低心脏病发作的概率，提升免疫系统能力，还能大幅降低患阿尔茨海默病的概率。追求无须像王位继承人这样宏大，就可以发挥其功效。追求的作用是如此强大，只需稍微提高一点追求，就能对人们的身心产生惊人影响。

如今，有一项十分典型的实验，研究者们让养老院的老人们承担起在室内养盆栽这样的简单职责，老人们需要培养植物并观察其生长状态。如此一来，他们的身心健康都得到了大幅提升。令人意想不到的是，老人们也开始更加用心地照料自己，因为他们在自我之外，找到了需要为之努力的追求。

这种良性循环在女王的人生之初就有所显现。在她的父王猝死之后，女王的人生发生了剧变，而此时一种强烈的职责感发挥了作用，让女王的身心免遭崩溃。女王在只是瞬间的失神之后，就立刻回到桌旁，连着几小时不停起草重要文件。女王的世界已经天翻地覆，"但她显露出的只是脸色微微涨红"。马丁·查特里斯说道。而另一边，玛格丽特公主在听到消息后彻底崩溃，只得卧床休息，需要镇静剂才得以安神。毫无疑问，当时的玛格丽特公主并没有多少王室职责需要承担。这两种不同的反应显示出了，追求可以左右人们的内心平衡。英国利兹贝克特大学心理学高级讲师史蒂夫·泰勒（Steve Taylor）解释说："当人们'沉浸于追求之中'，也就是埋头向追求奋进时，生活会变得轻松，不再那么复杂和令人紧张。人们会变得全神贯注，像一支箭一样飞向目标，整个人的精神会绷紧，变得十分强韧，让消极无从侵入。"

在女王接受了自己的使命并登上王位后，她个人的极大转变就表明了这一点。之前的她性格内向，由于自身过于年轻和缺乏经验而充满顾虑，但成为女王后的伊丽莎白二世"不再觉得焦虑或担忧"。她对朋友说："我不知道是怎么回事。但是我在成为女王后，就完全丢掉了那个怯生生的自我。"

毫无疑问，追求能缓解焦虑和紧张的功效，是其提升人们健康状况的主要原因之一。当有了清晰的目标之后，生活中出现的各种挑战和难以抉择的情况就不再令人恐惧，不再惹人分神，也不会再让人的血压飙升。要想知道女王从中受益多少，想想女王在统治期间很少因病休息就十分明了了。正如尼采（Nietzsche）的一句名言："人唯有找到生存的理由，才能承受任何的境遇。"

*

菲利普亲王在得到教训后才明白这一道理。他在成为王室的一员后，起初怀有无限抱负，他在皇家海军中的工作令人很有成就感，也在经历快速的升迁。但在国王突然离世后，菲利普亲王的计划全部被打乱了。菲利普亲王的皇家海军生涯被永远搁置，他要扮演的角色就是女王的丈夫。菲利普亲王曾说，这一虚职让他觉得自己更像"一只该死的变形虫"，而非一个真正的男人。因为缺乏一个明确的职位（或者说是缺乏一个他认可的要职），菲利普亲王变得闷闷不乐、性急易怒，最终身体极度不适。在成为亲王的第一年，他就患上了十分严重的黄疸，这一病症常由紧张和抑郁引起。为了治病，他在一间暗室中熬过了三周。由于缺乏急需他下床处理的工作事务，可想而知，他恢复得很缓慢①。

之前已经有所提及，玛格丽特公主也受到了漫无目的生活的负面影响。除了在王室活动上打扮得光鲜亮丽之外，玛格丽特公主在生活中几乎没有什么真正的职责，为其作传的传记作家克雷格·布朗写道：由于太过无聊，玛格丽特公主最后只能频繁清理自己所收集的贝壳。这不禁让人觉得，还不如在养老院里照顾花草更好。

"她缺乏方向，也没有特别的兴趣。"日记作者罗伊·斯特朗（Roy Strong）这样说。他曾在1975年的一个下午听到了玛格丽特公主的心声，"她现在喜欢的，除了年轻小伙子，还是年轻小伙子"。玛格丽特公主自知这是不对的，但她并没有解决问题，而是选择朝他人发泄，经常因为姐姐的目标感更强而带着愤恨对其发火。玛格丽特公主闹得世人皆知的一次，是她闯入了会议室，打断了女王和前英国首相哈罗德·麦克米伦（Harold Macmillan）的非公开会议。她冲着女王说出了恶毒的指责："要不是因

---

① 维克多·弗兰克尔认为，多种抑郁和情绪问题的根源都是缺乏人生目标。慈善方面的专家珍妮·桑蒂（Jenny Santi）解释说："当一个人的现状与其想达成的状态之间差别太大时，就会导致抑郁……这意味着其中存在重大问题，需要人们努力加以改进。"换句话说，当你目前的生活状态与你真正的人生目标间出现不平衡时，就会以抑郁的形式在生理上加以体现。

为你是女王，才不会有人愿意和你说话。"然后她又气冲冲地离开了。人们眼睁睁看着玛格丽特公主变成了一个病恹恹的、喜怒无常的老女人。如此看来，缺乏明确的人生目标，显然让她付出了代价。

鉴于玛格丽特公主空有才华和潜力，却并无用武之地，《独立报》所刊登的讣告只能惋惜地说："没有职责在身，造成了她的悲剧。"而真正的悲剧在于，这恰恰是玛格丽特公主最深的恐惧。她曾说："我一直担心自己会成为生命中的匆匆过客。"玛格丽特公主比任何人都懂得，不为自己设下人生目标，是一件风险极大的事。

伊丽莎白二世看似是两姐妹中幸运的那一个，在她父王去世后，就轻易获得了详尽的人生目标。但在那之前，她也一直将决定自身"天职"的权力握在自己手中。1947年，在21岁时，她就做到了现在备受心理学家推崇的事情：为自我追求做出宣言。"很简单，"伊丽莎白二世在对英联邦的首次播送中说道，"我向所有人宣誓，我的一生无论长短，都将致力于为你们而服务，为我们都属于的伟大王室而服务。"这段话简短而贴心，而在那之后，女王每天都会在其指引下进行具体事宜。这样简短的一段话对女王来说是如此重要，在女王登基25周年庆典（1977年）、50周年庆典（2002年）和60周年庆典（2012年）上，都重复提到了这段话。这既是她对自己的提醒，也是对其臣民的提醒。这已经成为女王的个人宣言。

你当然无须真的将自己的宣言播送给大众，但在确定了自我追求目标的宣言后，这将十分有利于你摸清自己独特的才能和兴趣点在何处，以此让你成为不可被取代的、"天地间独一无二的"那个人，用维克多·弗兰克尔的话说就是这样。女王的幸运之处就在于，她的人生目标和自己的工作完美重合了，但真正的人生追求通常与我们讨生活的方式没有太大关系。

人们也许在数年之后才能摸索清楚自己的人生目标，这也是正常的①。就拿查尔斯王子来说，作为英国历史上等候继位时间最长的王储，他必须重新考量自身独特的职责所在。"这可不是什么在婴儿时期就能突然领悟的道理，"他曾说，"有天灵光一闪……你会渐渐意识到自己的职责所在。"

但是，关于职责所在，有一点要说明（查尔斯王子应该留心）：研究发现，人生追求并不都是平等的。人生追求要想发挥令人有满足感以及令人长寿的作用，就要避免以下常见误区。首先，人生追求不应基于寻乐的目的。人生追求自然会使人愉悦，但愉悦感不应成为人生追求的主要动力。大脑十分擅长甄别哪些是志存高远的追求，哪些是完全基于自我享乐的目的。而大自然也明确显示了其更支持哪一类追求。比起抱有更加无私目的的人，追求肉体享乐的人更有可能出现炎症标志物增多，免疫应答减少，以及抑郁风险增大的现象。历史上每一位寻欢作乐的君王都难逃此下场。

在位期间，如果其想要的是所有的土地、取之不尽的粮食、源源不断的黄金，或是数不胜数的后宫佳人，那么其结局或悲惨或凄凉……抑或会因为脑满肠肥而死。反过来说，那些有更高远追求的人们，即便会经历极大的困苦和挑战，但在心理上仍旧受到保护。精神科医师安东尼·克莱尔（Anthony Clare）认为，这就解释了为什么许多经历过"二战"困难时期的英国人，会将那段日子称为自己人生中最好，也是最健康的岁月。"当

---

① 可以参看维克多·J. 斯特莱彻尔（Victor J. Strecher）所著的《有追求的生活》一书进行对比，其中包括："为了更充分地生活，体验每一个时刻，保持清醒、机警和用心。"儿童文学作家马德琳·恩格尔（Madeleine L'Engle）。"为了多了解一些我们所有人身处的宇宙，为了在这永无止境的探索中更进一步，也为了在沿途获得快乐。"数学家罗纳德·葛立恒（Ronald Graham）。"为了减少压迫，献出同理心。"美国最高法院大法官哈里·布莱克门（Harry Blackmun）。"为了改变世界。"史蒂夫·乔布斯（Steve Jobs）。

时他们有着共同的理念，有着相同的目标，"他说道，"基层的战斗人员觉得自己在做有意义的事情……而那些投入战争的人们则在锻炼着自我。这似乎尤为重要。感到幸福的人们并不会无所事事。他们一般都处于与生命交互的过程中。"这就要提到第二点注意事项了：人生追求应该超越自我。

"人生真正的乐事在此，"萧伯纳（George Bernard Shaw）写道，"能被用于自己所认为的无上追求中。"如果你不认为自身的追求是无上的，不认为这一追求关系到除自身以外的其他人，那这一追求就不会成为每天叫醒你的那个理由。不过女王肯定会指出，"无上"在这里其实是种相对的概念。"不要忘记，善意会向外传播开来，小的善意也能助人一臂之力。所有的宏大都是从细小开始，"伊丽莎白二世女王在1976年的公开演讲中，提及了"将鹅卵石投入池塘"这一她最爱用的比喻，"巨石能营造波澜，但即便是最小的鹅卵石也能改变整个水面的波澜。我们的日常行动就像是这些涟漪，我们的举手投足都能产生影响，最细微的举动也如此……而其形成的合力是巨大的。"

每一项有价值的追求、职责、使命、命运或"天职"都源于此，源于这一经过深思熟虑的问题：我的涟漪应该是怎样的？在我离世很久之后，世人还会受益于此吗？关键就在于延续性①。那些值得深深崇敬的人都曾依照这一准则而生活。想象一下，如果托尔金（J. R. R. Tolkien）、特蕾莎修女，或本杰明·富兰克林（Benjamin Franklin）早早退休，那世界会怎样？从一项只有自己能完成的事业中"离开"，那么失望的就不仅是你自己而已。职责万岁！

----

① 毫不意外的是，当政客、大主教、高级官员和王室成员在谈及女王对后世的影响时，用得最多的一个词就是"延续性"。安德鲁·玛尔这样说。

第三章

女王的休息法则

恐怕女王陛下要变得淘气了。

——《非普通读者》艾伦·贝内特（Alan Bennett）

王室的少年终归也是少年。在1998年的夏天，威廉王子和哈里王子想在威尔士的格温－福尔大坝休闲一天。快看看大坝这陡峭的坡度！他们给自己拴好了安全带，在高约49米的大坝外墙绕绳下降。两个王子正在高兴地玩乐，但这一幕却被一个感觉不妥的过路人看到了。为了以示担忧，她立刻拍下了一张哈里王子在人工悬崖上悬挂着的照片，然后把照片卖给了出价最高的媒体。众所周知，要是媒体想要放大一样东西，是很容易的。人们发现哈里王子并没有穿戴合适的安全装置，这让新闻头条里充斥着"疯狂"和"鲁莽"这样的字眼。"未来的一国之主和自己的亲兄弟突破悬崖峭壁的边沿，这可不是每天都能看到的事情"，《世界新闻报》这样报道。似乎温莎王室成员做了件鲁莽的、不经大脑的事情。查尔斯王子勃然大怒，当时负责看管的保姆也差点丢掉了工作①。就连英国皇家意外事故预防协会

① 这位保姆名叫亚历山德拉·莱格－伯克（Alexandra Legge-Bourke），她被王子们亲切地称为"迪基"［就是根据毕翠克丝·波特（Beatrix Potter）所塑造的角色迪基－温克尔（Tiggy-winkle）太太所起的昵称］，她总能让自己陷入漫画中的窘境。同年，有狗仔拍到她在巴尔莫勒尔堡附近驾驶着一辆皇家轿车，嘴里叼着一支烟，而当时14岁的哈里王子则将身子伸出车窗射杀兔子。显然，迪基对毕翠克丝·波特的信条有独到的见解："哪怕我所做的只有一分能帮到孩子们享受和欣赏简单的快乐……那我就算做了一点善事。"

也提出了一些育儿建议。然而，作为两个王子的祖母，女王却显得异常平静，只不过发布了一条干巴巴的白金汉宫声明，基本意思就是，是的是的，安全第一，我们下次一定多加注意。显然，女王根本没有把这当回事儿。哈里王子和威廉王子的行为也许有些热血，但女王不会批评她生命中这不可或缺的事情：玩乐。

女王的这一面经常让公众倍感困惑。人们已经习惯看到一个工作的女王，认为她在红色文件匣中翻找文件，尽责地和大众会面，或是庄严地颁发荣誉和奖项才是常态。就算听说女王在梦中授予他人爵士头衔，也不会让人感到丝毫奇怪。但女王是多面的。那些看到女王淘气的家人、朋友和其他人都可以证实，伊丽莎白二世在玩乐时也完全是女王的样子。伊丽莎白二世身上有一种不常见的、刻意保留的幼稚感，她保留下了一个我们大多数人在童年之后就不再有的习惯。在玩乐方面，女王一直是个没长大的小孩子。从 4 岁到 94 岁，玩乐一直是女王展示各类爱好的天然渠道，是她的锻炼方式、激活大脑的方式，也是她喜欢的身体放松方式。我们接下来就会发现，如果没有玩乐，她就不会是那个高度专注、孜孜不倦的长寿女王了。引用女王第一位私人秘书汤米·拉塞尔斯（Tommy Lascelles）的话来说，女王有着"健康的寻乐方式"，这一说法可谓名副其实。

甚至可以说，"享乐"就是让王室在 21 世纪的今天也能继续生机勃发的原因，这让反对者们一直感到困惑。每当有大型王室庆典、周年庆典或婚礼举行时，总会有媒体权威人士站出来，预测王室体制将走向尽头。他们认为，当公众看到这些可有可无的活动所浪费的经费后，人们将怨声载道，发起抗议，要求禁止这类奢侈的庆祝活动。但事实证明，他们的预测屡屡落空。人人都有的玩乐天性实在是太强烈了。事实上，大众并没有揭竿起义，反而特别欢迎这些王室活动，能让他们趁机享受工作之余的闲暇，遇到加冕活动，还能喝上一杯潘趣酒放松一下，毫不害羞得像个 6 岁的孩子一样不停挥舞着迷你英国国旗。温斯顿·丘吉尔对此相当了解。1947 年，伊丽莎白二世与菲利普亲王举行婚礼，当时的英国正值"二战"后经济极度紧缩时期。丘吉尔认为这笔花费是值得的，他认为，大众最不想要的就是更多的节俭和更多的苦差事，坚信从长远来看"在我们必经的艰苦之路上来一抹亮色"对所有人都有好处。事实证明，他是对的，直到今天也是如此。

法则九：及时玩闹

这让他觉得自己的第一个童年仿佛就在眼前，回忆起那些在护城河里游泳或和阿基米德（Archimedes）一起飞翔的快乐时光，他发现自己在那之后仿佛失去了什么。现在他认为，自己失去的就是对事物产生好奇的能力。

——《永恒之王》 T.H. 怀特（T. H. White）

伊丽莎白二世差点就成为一个根本不会玩乐的女王。因为她从小性格内向，早早就意识到了自己的人生职责所在，她所显示出的自制力简直堪比修女，在游戏室里尤为如此。女王在9岁时就面临是否还能玩乐的危机。

那是1936年的冬天，整个英国都在悼念国王乔治五世的离世。当时的伊丽莎白二世由于太小，不能参加"国王爷爷"的葬礼，其间，伊丽莎白二世和玛格丽特公主一起待在育儿室，玩着她最爱的玩具马。伊丽莎白二世十分享受这种消磨时间的方式，但她还是不禁疑惑起来，这是一个负责任的公主应该做的事情吗？她转身朝着自己的女家庭教师脱口问出："哦，克劳福德小姐……我们应该玩耍吗？"语气中带着明显的不安。她已经做好了为王室礼仪而牺牲玩乐的准备，于是等待着那个本会将她的一生（9岁到后来的90岁）钉在乏味无趣中的回答。

然而，命运对她还是充满慈悲的。克劳福德小姐让伊丽莎白二世放宽了心，告诉她，玩耍在当时不仅是合适的，而且她的爷爷也不会想让她放弃玩耍。克劳福德小姐说："你所爱的人不会希望你无所事事地坐在那儿，充满悲伤。"从那一刻起，伊丽莎白二世仿佛开了窍一般。她在之后的人生中从未怀疑过玩乐的必要性。

当然，有着把玩耍当回事的父母以及玛格丽特公主这个活力四射的妹妹，这对女王来说有额外的好处。玛格丽特公主仿佛就是自诩的宫廷弄臣一般，用自己源源不断的笑话逗弄着伊丽莎白二世。尽管两姐妹相差4岁，但这种年龄差根本算不上什么，她们是彼此最亲密的玩伴。伊丽莎白二世在等待玛格丽特公主成长的过程中，也无形中延长了自己在童年的玩耍时间。毫无疑问，那是一段无忧无虑的时光。她们两姐妹会在英格兰和苏格兰的乡下嬉闹，玩类似"抓住当下"的游戏（在秋叶掉落时将其抓住），还会在傍晚时分和父母一起喧闹地打牌，每个人最后都会笑得喘不过气来。

伊丽莎白二世即便到了十几岁的时候还会和玛格丽特一起搞个无道具表演。她在17岁的时候其实已经开始和菲利普亲王约会了，但她和自己的妹妹在温莎堡自制的《阿拉丁》话剧中表演时，她那在台上欢蹦乱跳的身姿让她显得比实际年龄小了好几岁。这位未来的女王要在这个话剧中表演十分滑稽的对话，还有一段极其活泼的踢踏舞（我当时要是能在场一饱眼福就好了）！

伊丽莎白二世没有丝毫显示出少年时期常见的焦虑和难堪。对她来说，玩闹是一件特别自然的事情。实际上，她就是正常将孩童时期的玩乐状态带入青年时期的那种人。忘记这种状态才是不正常的，但遗憾的是，大多数人在青春期一开始的某个时间就会忘记这种状态。同龄人所带来的压力特别能够扼杀我们像孩童一样玩耍的天性。在新的人际架构下，玩耍成了一种土里土气的、幼稚的或没有丝毫用处的行为，人们因此无法在青少年时期继续保留自己在孩童时期的玩耍习惯，而人们在成年后也大多不会重新捡起这一习惯。

但伊丽莎白二世是个特例。不可思议的是，她在性格形成时期基本免受了来自同龄人的压力，这无疑带来了有益身心的结果，她的父王和母后屏蔽了一切可能会迫使伊丽莎白二世违背自身意愿行事的人或事。因此，伊丽莎白二世能够继续无忧无虑地玩耍。她也确实从未停止过玩耍。

即便已进入耄耋之年，女王依然"特别有少女感……甚至是幼稚"，肢体语言专家朱迪·詹姆斯（Judi James）这样说。其曾目睹过女王玩性大发的一幕。比如，女王有一次乘皇家游艇"不列颠尼亚"号从百慕大群岛一路颠簸着去往美国。巨大的海浪让大部分王室成员都回到了游艇中，就连海军出身的菲利普亲王也觉得恶心且"面色发灰，一脸凝重"，而女王则享受着其中的每分每秒。她抓住了一个滑动拉门，长长的雪纺围巾在风中飘扬，随着一股巨浪将船艇抬起，轰然关闭的拉门将她带着滑过地板，女王发出了一声长长的"耶——"！

罗纳德·里根和南希·里根夫妇（Ronald and Nancy Reagan）也看到了女王释放孩童天性的一刻。1983 年，女王受邀去里根夫妇位于加利福尼亚州圣伊内斯高山上的农场访问，史无前例的暴雨将去往农场约 11 公里长的路冲刷殆尽。但女王并没有取消这次访问，而是决定把自己的豪华轿车撇在山脚下，挤进了一辆小吉普车，迎着危险的上坡前进。到达农场后，女王浑身湿透，皮肤因为浸水而明显起皱，里根夫妇因为自己带来的不便而不停致歉。"哪里的话！"女王回答道，"这多刺激啊！"

在工作时，女王能将与政客们打交道的乏味工作变成一种玩乐。女王私下会玩一种被称为"抓住首相的破绽"的游戏。在每周与英国首相会面前，女王会提前做好极其细致的准备，看看自己能否找出一个被首相忽略的重要官方新闻，让其感到出其不意。女王如此戏弄温斯顿·丘吉尔的事情让人津津乐道。一次，丘吉尔没能掌握一份来自英国驻伊拉克大使的重要电报。"你对来自巴格达的那份有趣的电报怎么想？"女王问道。丘吉尔当场承认自己并不知情，回到办公室之后，他对秘书们发了一通火，但他对这个年轻的女王则产生了油然的敬意。从那之后，女王孩童般的玩乐天性反而让她变得更像一个严肃负责的大人。这多亏了（我要引入一个鲜为人知的术语）幼态延续。

幼态延续这个词来源于希腊语中意为"延展"或"延伸"这一词，指的是幼年的某些特征持续到其成年时期的状态。许多物种在成年之后仍留有幼年的体貌特征（比如倭黑猩猩），但人类却有着刻意将幼态延续的少见本领，这主要是通过玩乐达成的。

已经80余岁的斯图尔特·布朗（Stuart Brown）博士是研究玩耍方面的专家，他认为这是人类最有裨益但尚未被开发的生物机能之一。在自然界中观察了嬉戏这一行为之后，他发现那些保留了玩耍天性的动物，其大脑能"青春永驻"。比起那些在成年后放弃玩耍的动物，这些保持玩耍的动物的大脑更易适应新的挑战。被驯化的狼（也就是狗），在其一生中就有意被驯养为维持玩耍的状态。这就是最经典的例证。一匹未经驯化的狼则会较早放弃玩耍，被限制在越来越少的强迫行为中，相比之下，老狗也能学会新花招。因为它们实际上就是永远保持着幼年状态的狼。它们保持着对世界的好奇感，也保持着学习新行为的能力，这都远远超过了成年狼的能力。玩耍这一行为似乎能将大脑保持在其早期发育过程中最具可塑性的阶段。这也解释了以下现象：针对人类的多项交叉研究发现，成年人玩耍行为与预防痴呆症和阿尔茨海默病等神经性疾病之间存在很强的关联性。

众所周知，王太后本人就是个爱玩的人。"快乐的淘气包"是她儿时的昵称，她从来没有放下自己爱玩的天性（或是她自己称为"顽皮"的天性），并且她真心觉得这是让自己在101岁高龄时还能保持微笑的原因。"我热爱生活，这就是我的秘诀，"当人们向她讨要格外长寿的秘诀时，她这样说道，"他人的兴奋度正是让我前进的动力。在我这个年纪，有时也会觉得精疲力竭，但兴奋感对我来说是有益的。"

20世纪90年代，服侍王太后两年的侍从武官科林·伯吉斯少校在离职后，脑海中依然充满了王太后"淘气的"恶作剧。尽管王太后在当时已经接近95岁了，但她还是想在后花园中骑摩托车，或是乔装打扮后坐在朋友的跑车里在伦敦街头飙车。据说，威廉王子和哈里王子教会了王太后玩电子游戏，她曾经（可能是受女神枪手安妮·奥克利的启发）还异想天开地要把火枪带到自己的户外午宴上，为的就是在上菜时吓跑恼人的松鼠。如此一来，王太后就书写了被斯图尔特·布朗博士称为其个人的"玩耍史"，让她从未切断和过去那个爱笑的淘气包之间的联系，并让她在生命的最后一刻也保持着敏锐的思维。王太后一直保留着自己"绝对人见人爱的调皮劲儿"，她最爱的孙子查尔斯王子这样说。并且，据其他人观察，她在牌局上高超的作弊手段也是一直不减当年[①]。

观察一下伊丽莎白二世的过往，我们也能发现她一直没有停下玩耍的脚步。在她还小时，要么连着几小时给玩具马进行刷洗和装马鞍，要么就是假装成一匹马来玩。"我们会一直假装自己是马，不停欢腾，"回忆

---

① 这种从未消失的玩耍习惯是由王太后自己的母亲斯特拉斯莫尔夫人培养出来的。斯特拉斯莫尔夫人在育儿方面有着广泛的阅读和充足的兴趣，她十分尊崇19世纪德国教育家及幼儿园的创造者弗里德里希·福禄贝尔（Friedrich Froebel）的教学理念，他认为，无拘无束的玩耍对于孩童的心智发展至关重要。在当时那个倾向让孩子们安安静静坐着的年代，这一理论显得格外先进。

起自己在王室育儿室里的日子，女王的表姐玛格丽特·罗兹（Margaret Rhodes）这样说，"我们会一圈一圈地飞跑。我们会假装自己是各种马：拖货车的马、比赛用马，以及马戏团的马。大部分时间我们都假装自己是马戏团的马，所以就必须像马一样嘶叫。"

克劳福德小姐（当时刚刚被任命为女家庭教师）第一次见到伊丽莎白二世的时候，就发现她在床上蹦来跳去，一个 7 岁左右的蘑菇头小女孩"正忙着将自己想象中的群马"用睡袍带拴在床柱上。当被问到这是不是每晚都要做的事情时，伊丽莎白二世带着一股认真劲儿回答道："你知道，我在睡之前一般会在公园里骑上一两圈。让我的马锻炼一下腿脚。"不久，克劳福德小姐也扮起了马，假装自己是一匹为杂货商拉货的马，而伊丽莎白二世则会在育儿室里分发想象中的货物。

你的童年里应该也有一个让你如此着迷的过家家游戏，可能是玩芭比娃娃、乐高积木，或是恐龙、玩具车，但一般不能像伊丽莎白二世这样，将儿时的过家家游戏如此无缝衔接地带入成人世界。成年后，女王每天依然会和马一起玩耍，只不过是将玩具马换成了真马。女王会时不时去马厩看看，也会不断扩充自己已然十分丰富的饲养和种系知识，或是在赛马场为自己的纯种马加油助威，又或是在温莎庄园里骑上费尔小型马兜兜转转（女王上了年纪之后，这种矮马更方便骑）。

在对马的着迷程度上，伊丽莎白二世可能比不上自己的女儿安妮公主。菲利普亲王曾留下一句相对知名的评价，称安妮公主只对那些胀气的和吃干草的家伙感兴趣，但女王在谈及与马相关的事情时要比讨论有关英联邦的任何事务都显得更加兴致勃勃。"只有这一话题能让女王全情投入，"女王之前的种马管理员迈克尔·奥斯瓦尔德（Michael Oswald）这样说，"这和女王的日常工作完全没有瓜葛。"

马就是女王的"最爱游戏"，这一吸引人的说法是由励志演说家及后来迷上玩耍的芭芭拉·布兰南（Barbara Brannen）所创造出的。她认为，我们儿时觉得神奇的、引人入胜的、发人深省的东西很有可能在我们成年后依然吸引着我们。"最爱游戏"不仅有娱乐性或吸引力，也是在我们孩童时期就自然而然让人难以自拔的东西，这种玩耍和享乐的独特方式深植于每个人的性格当中。布兰南相信，若想在成人后生活得健康（更不必说充满创意或快乐），就必须将"最爱游戏"以某种方式保留下来。对布兰南来说，户外活动让她重拾了儿时的乐趣，不过她也指出，"最爱游戏"可以是任何曾激发你想象力并且直到现在还能让你"心驰神往"的东西，"除了你之外，可能其他人都感受不到这种陶醉感"。

如果这听起来太像为所欲为的千禧一代、硅谷风格、成人游乐场，或是颓废的嬉皮士风格，也可以参照极其多产的精神分析专家卡尔·荣格（Carl Jung）的做法。他在 38 岁时，觉得自己有必要重新开始玩积木，这一他儿时用来消遣的游戏重新激活了他的思维，重燃了他对工作的热情，荣格后来将这称为"自己命运的转折点"。时间更近一些，颇具影响力的心理学家米哈里·契克森米哈赖也发现，游戏活动是开启最佳精神状态——"心流"的最简单方式之一。"心流"是一种十分愉悦的专注状态，极有可能触发创造力并让人达到更健康的状态。人类学家们现在将能够激发人们思维活力的游戏称为"深层游戏"，将其与游乐场中的那类游戏明显区分开来。但归根结底，这些都是游戏。正如斯图尔特·布朗博士的 TED 演讲标题所说的："玩乐不仅仅只是为了享乐①。"

---

① 女王的大卫伯伯，也就是在位时间很短的国王爱德华八世，从来没有将玩乐和享乐区分开。他只是认为自己是个长不大的男孩罢了，和许多成人一样，他将真正的玩乐与成人间常见的聚会、喝酒、做爱（一般是无节制的）这三种娱乐方式搞混了，而这些则与一个人内心的"最爱游戏"毫无关联。每个孩子都知道，糖果是好吃的，但吃糖并不是玩耍。

*

　　首先，无论这是一种小爱好，还是一种嗜好，游戏让人发自内心的欢乐会形成源源不断的正能量，成年人可以借此平衡残酷的现实。女王的前赛马经理卡那封伯爵认为，他之前几乎每天都与女王谈论有关马的事情，这大大抚慰了女王的心神。他解释说，"她作为女王的职责"意味着"她得到的大部分消息都是坏消息。要么是有人死了，要么是出现了意外事故，要么就是其他令人不快的事情"。但在女王的马厩里，每次都有能让女王骄傲或开心的事情。"每次跑马成绩很好，或者生出来的小马驹正是她想要的性别时，这都能让女王的精神为之一振，"卡那封伯爵说，"她会觉得，终于有人能带来些好消息了。"但即便女王的马不能跑出奖项（女王在跑马场上也经历过很多失意的瞬间），拥有一项爱好也能带来长期的快乐，这能超越任何暂时的失落。

　　玩乐是唯一一项人们在追求过程中即便不停失败，但仍能感受到乐趣的事情。这也成为戴安娜王妃的成人生活中不停出现的警示。除了做出不停逗弄英国媒体的危险举动之外，她没有明显的爱好，也没有能转移注意力的消遣方式，而英国媒体有时对她无比冷酷。与戴安娜王妃相处甚久的密友迈克尔·科尔伯恩（Michael Colborne）承认道："她就像是一只空花瓶，尽管是很漂亮的空花瓶，但说到底还是空的。"由于不能举重若轻地平衡生活中的阴暗面，也越来越不能独处，慎独对于戴安娜来说只意味着无聊或无法承受的孤独感。这恰好证明了缺少玩乐所引起的残酷真相之一："与玩乐相对的不是工作，而是抑郁。"斯图尔特·布朗博士说。

　　其次，玩乐是对未来的一种铺垫。在 T.H. 怀特的亚瑟王经典著作《永恒之王》中，魔法师梅林通过游戏教会了年轻的亚瑟治国之道。这是有其道理的。要想在未来的挑战来临前做好准备，最简单的方式就是通过玩耍。"最爱游戏"令人称奇之处就在于，它能预测出成人后的你所需的个人技能，可能是坚忍、勇敢、果决或善于交际。后者显然符合维多利亚女王的情况。尽管维多利亚女王的童年完全脱离了她后来所熟知的宫廷生活，但她所喜欢的一种玩耍形式则为她日后成为女王打下了日积月累的基础。

玩具马之于伊丽莎白二世，就像洋娃娃之于维多利亚女王。维多利亚女王有 100 多个洋娃娃，据说，她会用这些洋娃娃"模拟宫廷招待会、颁奖仪式，还会模拟在会客厅的聚会"，这些都在不知不觉中让她为有朝一日举办真正的、无与伦比的王室活动做好了准备。那些批评伊丽莎白二世在赛马上浪费太多时间的人们，也经常会被以上观点反驳。

1982 年，女王在遇到某一事件后所表现出的超强镇静更是说明了这一点。当时，有个情绪极度不稳定的人闯入了女王的寝室，自杀前要和女王单独聊聊（同时手里还拿着一块带血的碎玻璃）。一时之间，女王从小到大的玩耍习惯完全有了用武之地。女王这么多年来学会了如何安抚受惊的马，这种练习派上了用场。"骑马这项运动让她学会了处变不惊。"一位记者这样推断说[①]。

北达科他州立大学的一项研究显示，玩乐特别有益于塑造敏锐的思维，当我们如入孩童般的玩闹之境后，创造力会得到提高。将一项有关创造力

---

① 有意思的是，这正是马术疗愈所基于的假设，这种有治愈功效的玩耍已经帮助了无数不安的青少年和受过心灵创伤的退伍老兵，让他们重获了内心的平静。由于马这种动物对于焦躁不安的行为有着近乎神奇的敏感度，因此，接受马术疗法的人们必须让自己保持前所未有的平静，而这一过程则让人备受治愈。2010 年，经历过"假首长"风波所造成的窘境之后，为了让心绪重归平静，莎拉·弗格森就曾接受马术疗法。

的任务发给两组大学生分别完成后，其中一组的表现明显高过另一组。但两组之间唯一的差别就在于，其中一组假装自己在玩耍。第一组只是接到了完成任务的指示，得分更高的另一组则被要求先想象自己是个爱玩的 7 岁孩童，有大把的时间可以挥霍。玩耍这一概念让一切都变得不同了。这也说明了为什么日间休息对于孩子们的认知能力具有极其重要的作用。只不过最近一段时间，学校为了追求"更高的"学业成绩，将日间休息从课程表中移除了。但是，有研究发现，如果给了孩子们充足的时间和空间，让他们进行未经指导且不追求效率的玩耍之后，在课堂上，他们的思维会更加敏锐，注意力更加集中。温莎王室显然对这一道理了然于心。威廉王子和哈里王子出资支持的首个慈善活动就是伊丽莎白二世女王野外挑战赛，其目的就是避免英国的绿地和运动场被开发商们改建。这也是菲利普亲王在 1949 年参加的首轮慈善活动。

最后，玩乐也是具有疗愈功效的。尽管女王可能认为这不是她当时玩耍的初衷，但自己爷爷的过世自然而然地让她想去玩耍，让她充满爱心地洗刷自己的玩具马。传记作家伊丽莎白·朗福德说："一手拿着刷子，而另一只手放在马背上时，很难让人感到悲伤。"几乎每个人都会有这样的反应。

经历了心灵创伤之后，孩子们转而开始玩闹的反应和成人们寻求心理咨询师的帮助是一样的。但这与通过转移注意力而解决心理问题的做法完全不同。对孩子们尤为如此，玩耍能让孩子们产生少有的主持大局的感觉。尽管游戏之外的世界可能充满了不可预知和看似随机的事件，但在游戏这个安全的范围内，甚至唯有在游戏中，他们才能掌握所有规则。

世界上每一个游乐场里所发生的事情都证实了这一点。尽管孩子们的游戏在外人看来似乎是完全混乱无序的，但那其实是有着清晰界限和不成文法则的微观世界，经常会有孩子叫喊着"这不公平"恰恰就说明了这一点。也正因如此，性格较为敏感的孩子会自然而然地倾向于玩过家家的游戏，他们可以边玩边开心地设定自己那个小世界里的规则。而我们在长大后，似乎也需要这样做。成人后，在爱好或嗜好下所进行的玩耍能让我们进入另一个世界，在那里，有着明明白白的规则，或是完全由我们所设下的规则。

心理学家米哈里·契克森米哈赖将这称为"控制的悖论"。与我们平常的生活不同，生活中"所有不好的事情都有可能发生"，契克森米哈赖说，而游戏则能将风险降到最低。如果用积木搭成高塔，最坏的情况也只不过是眼睁睁地看它倒塌。在对于成人来说都十分疯狂和难以预料的世界里，这种控制感会让人感到极其放松。在这方面，查尔斯王子也是少见地跟随了自己母亲的脚步。在谈及自己毕生所爱的事情时，比如画水彩画和在马球场上策马奔腾，查尔斯王子称，玩乐将他"带入了另外一个次元中，坦白说，这能荡涤灵魂深处，达到其他活动触及不到的部分"。他说，"就我所知，这是忘却生活压力和烦恼的最佳方式"。

如果你想找到更好的理由来重新找回童真，重新开始玩闹，可以考虑一下玛丽王后的临终赠言。她穷其一生都保持着高度的使命感（也不甘于被当作是在一旁助兴的老女人，所以经常将胸衣束得很紧），当她勤勤恳恳的一生将要结束时，只有一件令她感到异常后悔的事情。面对自己的儿媳，她袒露了自己最大的秘密："你知道我从未做过但却一直想做的事是什么吗？是爬围栏！"

法则十：禁止一切疯狂的锻炼

马会淌汗，绅士会汗津津，但淑女只会微微涨红脸颊。

——维多利亚时代的一句话

整个房间闷热而拥挤。女王和撒切尔夫人已经连续站了好几个小时了。1000多位宾客都争相与英国首相和英王会面，一年一度在白金汉宫召开的外交接待会即便在最好的情况下，也会让人精疲力竭。但在这一年，这一场合出现了明显的竞争意味。

作为英国史上第一位"通过选举上任"的女首相（这似乎是对撒切尔夫人社交自卑感的一种过度代偿），玛格丽特·撒切尔试图在人们面前展现其日后因此被冠以"铁娘子"之称的刚强性格。但当真正的女王在各国大使、内阁大臣，以及教会和国家官员间游刃有余地穿行时，撒切尔夫人却发现自己跟不上了。整个屋子都令人感到窒息，她双脚酸痛，因为交谈过多而感到眩晕，和太多人握过手后，终于禁不住在旁边的一把椅子上晕了过去。显然，她的刚强还需要时间去锻造。

第二年，撒切尔夫人又尝试了一次，但她依旧没有撑到接待会结束。在第二年的招待会上，尽管还有数百位外交官在白金汉宫侧翼翘首以待，但撒切尔夫人却在精疲力竭之后脸色苍白，重重倒下了。女王从房间另一头看过来后，只是轻描淡写地说了一句，"哦，快看！她又倒下了"，然后又稳稳地穿行于嘉宾之间。伊丽莎白二世"像一艘巨轮"一样穿行在人群中，当晚在场的一位旁观者这样惊叹道。这下，谁才是真正的铁娘子就显而易见了。

试图和女王陛下比试但最终失败的人大有人在，并非只有撒切尔夫人一个。女王最不为人知的特点之一，就是她娇小的身体里，其实蕴藏了无限耐力和能量。"我壮得像匹马一样"，有人建议女王休息一下时，她一般会这样说。很久之前，伊丽莎白二世的祖母玛丽王后就曾提醒过她，女王这份工作需要久立不倒，而她也扛住了这一对身体的挑战①。伊丽莎白二世的忍耐力"令人称奇"，传记作家萨利·比德尔·史密斯这样说，其谈起了女王曾巡游加拿大时的一件事：在经过一天紧张的行程之后，那场巡游的负责人才突然意识到，他并没有给女王留出丝毫休息的时间，甚至都没有给她留出上厕所的时间。"不必担心，"女王的私人助理说，"女王陛下可以8小时连轴转。"

女王参加在白金汉宫举行的除晚宴外的活动时，同样全程不会落座，并且在枢密院开会期间，她也会一直站着。难怪女王的一位私人助理曾少见地透露了一个女王的小隐私，其承认，在女王"所有的优点中"，她"有力的双腿是其一……她能久立不倒"。那些陪同女王的人们必须要抓紧跟上才行。

---

① "我的祖母提醒过我，这种要连着站好几个小时的事情将来会有很多。"1937年，当时年仅11岁的伊丽莎白二世在父亲加冕当天体验到了王室成员一天所要做的全部事情。可能在这之后才有了玛丽王后的提示。"我们坐下来享用下午茶时，都已经快6点了！"伊丽莎白二世写道，"我上床休息时，腿疼得不得了！"

要想成为女王陛下的宫廷女侍，最不为人知的要求之一就是能连着站数小时而不疲惫，其间，一般也无法饮食。据说，即便是训练有素的保镖在拥有无穷精力的女王面前也会感到疲惫。20世纪90年代早期，女王对美国进行国事访问时，老布什总统就曾夸赞女王老当益壮，她矫健的步伐"甚至让特勤人员都追赶得气喘吁吁"，老布什打趣地说。在谈到英国国王和女王时，经常会用到一种说法，但用在伊丽莎白二世这里才是最名副其实的：健康的君王才是胜任的君王。

但在女王的任何一本传记书中，你都很难找到"锻炼"一词。女王从未去过健身房，没有举过哑铃，没有在椭圆机上锻炼过，也没有监测过自己的心率，她也从没做过深蹲、箭步蹲、仰卧起坐、推举，或是屈体动作。女王唯一进行过的"负重训练"则完全出于王室场合的要求。伊丽莎白二世曾坚持要在自己1953年的加冕仪式上佩戴传统（而又笨重）的圣爱德华王冠，为此，她在数周之前就开始演练，在白金汉宫戴着接近2.26千克重、镶满珠宝的王冠走来走去，锻炼好颈部肌肉以迎接这一重大仪式。皇家御厨的员工们说，这好比是在头上顶着两大袋白糖。这种上肢锻炼在每年的英国国会开幕大典上都会进行，女王一般还会佩戴一顶更重的王冠，穿着6.8千克重的天鹅绒御礼袍，稳步走到王位上。但若非出于需要，女王也不会重复这样费力的事情①。

比起女王，菲利普亲王才是他们两人中那个更爱好健身的人，甚至可以说他是痴迷于健身。菲利普亲王对自己的体重格外敏感，每当他觉得身上好像多了些赘肉时，就会套上2~3件毛衣，围着皇家场地激烈地绕圈奔跑。

---

① 2019年，女王终于决定在英国国会开幕大典上，将3.17千克重的帝国皇冠换成了较轻的乔治四世王冠。低头看演讲稿这件事会危害身体，女王解释道："如果低头，脖子会断，王冠也会掉下来。"

据菲利普亲王的朋友们说，他就是个永不停歇的"精力旺盛之人"，整个人的"能量都在燃烧"，但经常不懂适可而止。在一项接一项高强度的运动或锻炼之后，他回到女王身边时总会显得精疲力竭，不得不躺下休息。"我觉得菲利普亲王太疯狂了。"女王曾对一位雇员说，一边眼看着自己的丈夫又跑出门"运动排汗"。对女王来说，这简直就是疯了。

用女王的话来讲，她对这样痛苦的"气喘吁吁"不感兴趣，反而更倾向于安静地散步。女王"最为支持合理的锻炼"，传记作家英格丽德·苏厄德这样说。除了骑马小跑或偶尔进行野外运动外，散步是女王最常做的一项身体运动。在白金汉宫时，每天一到下午 2:30，她都会带着柯基犬绕着花园来一场长时间的散步。而在乡下时，比如在巴尔莫勒尔堡或桑德林汉姆庄园，女王则会在荒野和林间多闲逛一会儿。但这些活动并没有特意被当作锻炼，其中并不涉及高级的跑鞋或是挥舞得沙沙作响的上肢运动。女王只是在正常走路而已，"在一种有意设定的步速下前进"，一直为女王服务的服装设计师诺尔曼·哈特内尔（Norman Hartnell）这样说。要是女王想去探索一下，可能还会穿上威灵顿长筒靴，拿上手杖。但除了这些，女王就没有其他的运动了。另外，记者蒂娜·布朗（Tina Brown）说："除了男侍从们会在白金汉宫的健身房里锻炼得满身是汗，其他人很少会去健身房。"

*

要说女王承认自己偷偷雇了一个高强度有氧健身教练的话，可能还说得过去。毕竟，菲利普亲王长寿，还是比较容易解释的，因为他会进行更为传统的（其实是严酷的）健身训练。尽管大家普遍认为，多流汗、多费力，就能多活几年。但并没有研究能够证实这一观点。相反，针对全世界各个蓝色乐活区（人均寿命最长的地区）的生活方式所进行的多项研究表明，当地人做着和健身运动正相反的活动。美国那一帮"最健康的"人们每周都会进行几次让自身关节、肌肉、肌腱和心脏疯狂承压的活动，而生活在蓝色乐活区的人们则更倾向选择较为适度的运动。

在意大利的撒丁岛上，研究长寿的专家丹·比特纳发现，更易活到百岁高龄的人，是那些仅仅每天散步和活动较多的人，而不一定要做十分费力的锻炼。照看羊群的牧羊人要缓步上下于撒丁岛的山间，这些人成为百岁老人的可能性最大，要比同一人群中的农夫们更加长寿（农夫在做费力的体力活时更容易损伤关节）。这一发现让比特纳放弃了现在的健身房中那种疯狂的锻炼方式，变得更加推崇"规律的且低强度的运动"，而这正是蓝色乐活区一直以来的做法："我们应该做的是这样的锻炼，"比特纳强烈推荐道，"我不可能做混合健身训练。"就像女王陛下不可能进行任何形式的"疯狂"锻炼一样，无论菲利普亲王怎样向女王推销自己那种穿着毛衣疯狂流汗的汗臭型锻炼，不可能就是不可能①。

不过，菲利普亲王和伊丽莎白二世在成长过程中经历了截然不同的锻炼模式。菲利普亲王深受在高士德学校的教育经历影响，那是一所位于苏格兰北部斯巴达式的私校，整个学校的教学理念都基于严酷的身体锻炼之上，学校校训听起来都让人觉得疲惫不堪——"你的潜力无限"。上学期间，学生每天早上 6:30 要洗刺骨的冷水澡，跑步穿越潮湿的场地（即便在冬

---

① 女王很少出汗，实际上，女王能一直保持如此优雅，显示出一种王家风范。2010 年，女王前往纽约世贸大厦遗址进行访问时，尽管所有人都在接近 40 摄氏度的高温中汗如雨下，但女王看起来异常淡定和清爽。"她没有出一滴汗，"当时的一位旁观者惊叹道，"我觉得可能这就是王家风范。"

天也只能穿短裤）。午餐前要做更多的跑操、跳跃以及投掷标枪之类的运动，到了下午，还有海上运动和建筑活动，到了夏天，还要进行几场网球赛才能上床睡觉。对那些抱怨"训练"的小伙子们（菲利普亲王从来没有抱怨过），严厉的德国校长库尔特·哈恩（Kurt Hahn）从不留情面。这一切都是为了他们好，哈恩坚信："询问他们是否想要受训，就像询问他们是否想要刷牙一样，根本没有意义。"

而在另一边，伊丽莎白二世在成长过程中坚信，蹦蹦跳跳的玩耍和身体锻炼之间并没有什么区别。她之所以会有如此态度，很大程度上归功于她的父王乔治六世。回忆起自己成长时新兵训练营式的经历（以及 13 岁时作为军校生在皇家海军学院经受的严苛锻炼，其间充满了冷水澡和鞭笞体罚），乔治六世想让自己心爱的女儿们换种体验，也就是：玩闹。他之所以让马里恩·克劳福德做女儿们的女家庭教师，也只不过是因为她"喜欢散步"，并且看起来很活泼，"足够年轻，喜欢和小公主们玩游戏和到处乱跑"。

克劳福德小姐总能想出耗费小公主们体力的新花样。她曾将玛格丽特公主和伊丽莎白二世带到伦敦的公共游泳池中玩耍，不久还让公主们加入了女童军，这样一来，就有了每周可以在户外玩游戏和做活动的固定集会。她们会和其他队员一起在温莎庄园附近进行长达 1000 多米的行进，一起站军姿，为露营收集木材，也会做舒展四肢的健美体操。这些集会使人振奋，但"并不是很累人"，传记作家卡萝丽·埃里克森说。这样一来，玩耍和身体锻炼之间并没有清晰的界限。

大部分情况下，这才是一般的童年经历（除了英国寄宿制学校这个例外）。我们只是在成人之后，才开始将玩耍和身体锻炼人为地进行区分。20 世纪 90 年代后期，莎拉·弗格森曾为慧俪轻体公司做代言人，她所说的就证明了这一点。在《和公爵夫人一起节食》（不得不承认这书名起得真气派）一书中，莎拉可能写下了所有健康手册中最令人感到沮丧的描述。"锻炼有别于活动，"她坚称，"活动让我想起的是儿时的那种玩闹：四处走动、蹦跳、奔跑，或者只是做一些有趣而充满活力的事情。相反，锻炼则是一件苦差事。不过，为了身体健康，锻炼是十分必要的。"她的意思就是，活动充满快乐，但那并不是真正的锻炼。有句老话怎么说来着？哦，想起来了。公爵夫人告诉你的不一定是真的。

*

"运动强度不必达到'激烈程度'或让人流汗的程度就能'见效'，"行为科学家米歇尔·西格（Michelle Segar）这样说，其在密歇根大学工作，活跃于拆穿健身谬论的第一线，"比起一套严格的高强度锻炼，几乎有无数种身体活动和活动强度也能达到同样的效果，甚至能达到更好的效果。当人们选择他们喜爱的活动时，效果就更好了。"

这种发现已经存在几十年之久了，西格坦言道，指出 1996 年来自美国公共卫生局局长的一份报告彻底推翻了之前有关身体锻炼的官方建议，从之前建议人们在特定时间内做高强度运动，变为将低强度的活动分散在一天中完成。"但即便到今时今日，让人们相信这一点，"西格称，"也是难上加难。"

也许在了解非运动性活动产热（NEAT）这一令人称奇的生理现象后，会更易于理解。这一华丽的词语是梅奥医疗中心的研究者们用来形容人们在称不上是"锻炼"的非静坐状态下所消耗的能量。指的是一些日常活动，比如爬楼梯、洗碗、干园艺活、走路，或只是动来晃去。这样积累下来的能量消耗，综合起来是巨大的。多做一些增加非运动性活动产热的事情，"比一周去三次健身房有效多了"，医学博士詹姆斯·莱文（James Levine）这样说，其在该领域的研究处于领先地位。孩子们（或者说是不在家宅着玩电子游戏的孩子们）之所以有着令人艳羡的纤细身材，以及日常中有着更多非运动性活动产热的成人们之所以能远离肥胖困扰，主要原因之一就在此①。

　　知道这些之后，女王能一直保持身材的秘密就不难理解了。尤其还应考虑到，生活和工作在皇宫中的女王仅靠走路就能消耗不少能量，这还没有算上她经常进行的公共"出巡"。莎拉·弗格森（或可称其为骗人的公爵夫人）就曾惊讶于温莎古堡之大，她承认道，在充满无数房间的走廊里来回走动"能费不少体力"。白金汉宫庞大的布局也与此相同。克劳福德小姐认为这"过于宏大"了，她曾说住在那里就像在博物馆长期露营一样。克劳福德小姐的腿脚可不慢，但据她估计，每次要和小公主们去外面的花园散步时，都要花上 5 分钟才能走出有着接近 700 个房间的宫殿。搬进这里不久之后，伊丽莎白二世就曾说："在这儿得骑自行车才行。"骑马、猎鹿、射松鸡，这都是女王长期以来的娱乐方式，而由于非运动性活动产热的原理，也可将其视为锻炼，这就是女王很少会显得"身材臃肿"的原因。可以说，这样一个小细节为女王长期以来的身体健康带来了巨大影响。

---

　　①　在梅奥医疗中心的一项开创性研究中，莱文博士让志愿者们连着 56 天，每天多摄入一千大卡热量（大致等同于每天多吃两个巨无霸汉堡），其间志愿者们会穿戴一个特制的皮带，用以监测他们的所有运动。一天中进行规律活动的人们，以及一天中大部分时间都在坐着的人们，两相对比下来，这种差异是惊人的。"能进行非运动性活动产热的人们，即便过度进食也不会长胖；他们能保持纤瘦，"莱文称，"而久坐不动的人们在过度进食之后，由于没法进行非运动性活动产热，导致多余的卡路里囤积成了脂肪。"

尽管人们普遍认为，激烈的运动能产生令人感到愉悦的内啡肽，但研究显示，只有在运动强度较低的情况下，锻炼才能真的带来愉悦感。而分界点则略微高于"通气阈"，达到这一状态时，人们要是开口说话，就会上气不接下气。根据运动心理学家的研究，对大部分人来说，此时"愉悦感"和"锻炼"之间就没有了太大关系。鉴于这就是大部分的健身房和有氧训练迫切想让我们跨过的阈值，怪不得大多数人一般都不喜欢现代的锻炼方式，最多只是三天打鱼两天晒网式地锻炼几下而已^①。只有极少数人能坚持下来，比如菲利普亲王和戴安娜王妃，但他们的锻炼多多少少类似强迫行为，并不健康。戴安娜王妃对早起去健身房进行超多圈游泳这件事堪称狂热。锻炼已经成为"令她痴迷的对象"，从她的朋友变成情人的詹姆斯·休伊特（James Hewitt）这样说。而她每次从泳池出来后，经常比游泳前还要暴躁和冷漠。而女王每次和柯基犬散步归来，都会感觉精神抖擞、焕然一新，完全准备好了迎接下一场王室危机。

毫无疑问，玩乐和锻炼可以天然地结合在一起。瑞典的一个地铁站想鼓励行人们更多地使用楼梯，而非附近的扶梯，他们没有张贴激励人们进行健身运动的标语，而是将整个过程巧妙地变成了一场游戏。他们将楼梯变成了一个巨大的电子琴，而研究者们惊讶地发现，超过66%的人放弃了使用扶梯，而是选择在音乐阶梯上跳上跳下。"趣味性是最易改善人们行为的方式。"这一创意的代言人称。比如，养狗的人们比去健身房的人们得到的锻炼更持久也更多，只不过是因为他们非常享受遛狗的过程。这就是身体锻炼的悖论。类似"减重""塑形""长寿"这样的长期目标尽管

---

① 平均来看，人们一般会在6个月之后放弃严苛的锻炼项目，另据估计，67%的健身会员根本不会去健身房锻炼。

确实有其道理，但也不及蹦蹦跳跳的玩耍这一立刻就能得到正向反馈的活动。像其他的日常活动一样，想更轻松地保持锻炼的习惯，米歇尔·西格称："就要将其视为一种馈赠，一种有趣的或是对我们有意义的事情。"

就拿女王来说，她在过去几十年中坚持下来的锻炼项目都是那些能让她感到精神愉悦的。女王离不开日常的散步和马上运动，不是因为这些活动在过去这么多年中强健了她的肌肉（但确实有效果），而是因为这些活动构成了女王大部分可以"独处"的时间。传记作家克里斯托弗·安德森这样说。这让女王在令人日渐头疼的职责之下，可以得到片刻安宁①。有益健康则只是额外的好处罢了。

女王从小到大这种独特的"锻炼"方式增强了她的精力，这种效果是显而易见的。一位名叫尼尼·弗格森（Nini Ferguson）的女骑手回忆起了女王在2001年的皇家温莎马展上所展现出的无尽活力。当时已经75岁高龄的伊丽莎白二世依旧身手矫健，菲利普亲王参加马车马拉松赛时，她在一旁全程追随着。"她亲自驾驶着路虎越野车，到每隔800多米就有一处的障碍点停下，"弗格森说，"她会看着菲利普亲王完成障碍赛，然后再跑回车上。女王穿着威灵顿长筒靴，围巾在风中飞扬，身后还有四五只柯基犬跟着。女王有着这么好的精气神和活力，显得如此年轻。"

---

① "我最好的灵感都是在散步时得到的，并且我认为什么沉重的心绪都可以通过散步所化解。"丹麦哲学家索伦·克尔凯郭尔（Soren Kierkegaard）这样说。有规律且重复的动作能触发身体的放松反应，如此，散步也成了威廉王子在刚刚得知自己母亲去世后自然而然进行的活动。悲剧发生后的"头两天里"，传记作家彭尼·朱纳（Penny Junor）说："他独自一人在苏格兰郊外走了很久很久。"

法则十一：休闲时不要穿高跟鞋

使命在召唤时，我必须离开，又一个敌人在等我打败。

但我的心神不完全在此，我永远向往着那山之外。

——英国民谣

可以这样比喻，温莎王室是内外颠倒的，越是靠近王室圈子的中心，也就越走到了外面，就是字面这个意思。乡下生活和室外活动深植于女王的内心，对她而言，这些就像是传说中的阿努比斯审判之秤。想要通过女王评估的人们，评判他们的标准不是个人魅力、知名度、学历，或是对于国际事务的了解程度，而是要看他们是否喜欢新鲜的空气和上好的泥土。要是你并不喜欢穿着威灵顿长筒靴在潮湿的高沼地间跋涉，也不喜欢在追踪神出鬼没的野鹿时趴在山间匍匐前进，更别提在猎松鸡传统活动期间捡起一只只死鸟，或者你也不想亲手为自己最信任的捕猎犬摘除几只跳蚤，那你还是不要和英国王室打交道了。按照温莎王室的标准，你会不幸地被判为不合格。

戴安娜王妃其实就是没有通过这一审判的人之一。尽管她在刚加入这一大家庭时，看上去似乎对乡下的活动十分感兴趣，但那也只不过是一时兴起而已。和查尔斯王子完婚之后，戴安娜完全不想走在满是泥地的乡间，也没有兴趣和丈夫一起在冰冷的河水中捕三文鱼。对戴安娜王妃来说，观看在户外举行的苏格兰布雷马高地运动会这一皇家年度传统活动，实在是无聊极了。鉴于她自己是个彻头彻尾的都市丽人，她根本不懂"成年人扔电线杆"有什么好看的，而她所说的其实是传统苏格兰运动——掷棒。

撒切尔夫人的情况也一样。由于她实在没有任何乡下生活的技能，这让她和女王之间很难建立真正的关系。时任英国首相撒切尔夫人在 9 月份到访巴尔莫勒尔堡时，居然会不合时宜地穿着高跟鞋，就连和女王在乡间走走这么简单的事都做不到。"首相喜欢在山里散步吗？"一位宾客在撒切尔夫人来访后不久这样问道。"山里？还山里？"伊丽莎白二世回复道，"她只能走平路！"

反过来，对温莎王室来说，即便一个人身上有无数的缺点，但只要有着热爱户外活动的性格，就能弥补一切。这里就要说到莎拉·弗格森了。尽管她像戴安娜王妃一样，总会闹出丑闻，但由于她和女王都喜欢乡间活动，所以她们之间的婆媳关系就亲密多了。"女王和我都喜欢马儿和小狗，喜欢做农活，也喜欢户外的空气。"莎拉说道。和女王一起骑马增进感情，这让她觉得自己"受到宠爱，感到幸福"。

卡米拉·帕克·鲍尔斯（Camilla Parker Bowles）也丝毫没有按照规矩行事，但她也在很大程度上因为热爱户外活动这一特质，一步一个脚印地成为康沃尔公爵夫人。"我喜欢做粗活。"卡米拉说道。比起戴安娜王妃，她对于户外活动的热情最终使得她和热爱大自然的查尔斯王子更加合拍。尽管女王多年之后才终于接受他们这段婚外情，但当女王和卡米拉终于决定在 2000 年握手言和时，她们就是从马术运动这一共同爱好开始谈起的。在女王看来，如果一个人能花一整天的时间在乡间活动，不介意闻起来甚至看起来像马一样糟糕时，就没什么不可被原谅的罪过[①]。

在马里恩·克劳福德的回忆录中，她称女王之所以会变成如今这样热爱乡间生活的人，都要归功于她。她坚称，在她来之前，伊丽莎白二世公主"从不会把自己搞脏一点"。在公园里的所有远足必须严格按照既定的路线。克劳福德小姐坚信，自己做出了一些改变，她说，"我创新了一些活动"，让伊丽莎白二世的童年充满了在草地上打滚以及扑向满是泥浆的池塘这样的乐趣。克劳福德小姐很快就发现，"伊丽莎白二世忙着玩耍，把身上弄得脏兮兮的，这反而让她感到无比快乐"。这听起来确实是个好故事，具有反抗精神的女家庭教师对抗一本正经的宫廷陈规，但事实真相远比这有趣多了。

*

伊丽莎白二世来自充满了野外活动爱好者的汉诺威王室，他们会觉得，比起貂皮长袍，还是穿着穷酸的粗花呢夹克衫更舒服。乔治三世非常享受在户外的时间，经常在泥泞的田间踱来走去，做着他所爱的农活，以至于他的臣民后来亲切地称其为"农夫乔治"。维多利亚女王则特别喜欢享受苏格兰山间超低温的阵阵清凉，而乔治六世的放松方式是在皇家别墅的花园里拔杂草。所以自然而然地，伊丽莎白二世在很小时就已经适应了广阔的大自然。即便在她还是个宝宝的时候，也会被放在手推车里，到户外呼吸一下苏格兰

---

① 比卡米拉漂亮不少的凯特·米德尔顿在融入王室大家庭时，也是由于她展现了在户外活动中的活力，才让这一过渡容易了不少。在凯特的初次巴尔莫勒尔堡之行结束后，查尔斯王子惊喜地发现，凯特"显然是个能适应乡下生活的姑娘"。查尔斯王子的一位助理说，这在英国王室看来可是一个"了不起的优点"。"女王一定会喜欢这个女孩。"巴尔莫勒尔堡的员工们都这样预测道。

凉爽宜人的空气，这可是维多利亚女王和其丈夫阿尔伯特亲王在近一个世纪前最喜欢做的事①。

在克劳福德小姐出现之前，女王在童年时就已经多多少少接触了野趣。正如女王的表姐玛格丽特·罗兹记忆中那样："我们从小到大的家教让我们觉得，无论外面天气如何，一直宅在家里是一件不成体统的事情。必须要去户外做些有用的事情：砍木头、生篝火、除藤蔓，在花园里拔杂草，或者去散散步提提神也好。旁边一户人家的孩子整日无所事事地看杂志和小说，就被拿来说成是堕落的表现。直到今天，我在屋里待的时间稍微长一些，就会有种羞愧感。"

除此之外，伊丽莎白二世的童年恰逢一股"亲近自然"的觉醒之风刮遍全国。受到《秘密花园》之类的书（主人公们因为户外活动增多而神奇地恢复了健康）所影响，英国保姆们特别把这当回事，他们会给幼儿园通风，每天轮流带着孩子们出门放风。"新鲜空气有益健康"，保姆们在接受培训时会听到这样的说法。男童军和女童军组织则雨后春笋般地遍布英国，让孩子们有了每周与大自然亲近的机会。

想到可以露营远足、自己扎帐篷、在火堆上烤香肠，伊丽莎白二世在1937年加入了女童军。这让人再次意识到，当时年仅11岁的她最看重的是什么，显然不是穿着公主裙转圈圈。伊丽莎白二世央求着想让玛格丽特也加入女童军，她指出："您知道，她身体很好的。抬一下你的

---

① 维多利亚女王深信，高沼地的凉风具有疗愈功效，这源于她在青少年时期经历过一场几乎要了她性命的大病。当时，詹姆斯·克拉克（James Clark）爵士是维多利亚女王的医生，他建议女王"应该尽可能地待在户外，享受健康的、令人振奋的新鲜空气"。后来，女王将自己的迅速康复归功于这一良方，据历史学家露西·沃斯利（Lucy Worsley）说，这让她"后续一生都爱上了新鲜空气和凉爽的环境"。只要气温一超过15.5摄氏度，她就会觉得自己"要化掉了"。

裙子，玛格丽特，让辛格女士（女童军负责人）看看。她的双腿绝对适合远足，辛格女士。而且她也不怕弄脏衣服，是不是，玛格丽特？而且她也喜欢把香肠插起来烤。"最后，玛格丽特作为幼女童军加入了其中。而伊丽莎白二世则将这种乱糟糟的冒险经历视为"美好的回忆"①。这种经验在此后多年依然派得上用场，女王习惯在大自然中健康地宣泄自己的情绪，而这就是女童军经历教会她的。正如当时的一位女童军队员所说："没有什么比砍木头更能发泄情绪了。"女王向来稳定的精神状态很大程度上就源于此。

"像女王这样经常在人堆里工作的人，亲近大自然是她保持清醒的主要原因。"传记作家英格丽德·苏厄德这样说。即便女王远离了巴尔莫勒尔堡那片辽阔的苏格兰大地，离开了桑德林汉姆庄园附近那无边无际的草原，她每天也需要与自然亲近的机会，以此提神醒脑。或是在花园中拔一拔杂草，或是在白金汉宫的池塘边喂一喂鸭子和天鹅，这样就够了。传记作家萨利·比德尔·史密斯将其称为女王与大自然之间的"主要交流方式"，也是其"抽离现实的主要方式"。

对王太后来说也是一样的。王太后从小对乡下情有独钟，她最喜欢的就是儿时的家——格拉密斯堡附近的苏格兰独特地貌。众所周知，王太后更喜欢在户外待着，而不是宅在室内。她会一个接一个地举办露天午宴，还会在冰冷的迪伊河上钓鱼，直到80多岁依然如此。她从"绵延的高山上获得了新

---

① 女王从不介意污渍，也从不介意生活中那些并不光鲜的小细节。有一次，她在金斯克利尔的马厩查看时，觉察到通风系统似乎有些故障（这对马是一种潜在的危害，很有可能让它们患上呼吸道感染）。那天晚些时候，女王把鼻涕擤在手帕里，让驯马师感到震惊的是，她居然把那黑乎乎的黏稠物质拿出来给他看。她说："我就觉得那里灰尘太多，根本就不通气。"

的力量"，据她所说："我觉得，为了让眼睛和心灵休息一下，我必须时不时去看看那绿色的田野和紫色的山峦，不然我会疯掉。"

*

20 世纪 80 年代后期，心理学家雷切尔·卡普兰（Rachel Kaplan）和斯蒂芬·卡普兰（Stephen Kaplan）在他们有关大脑和大自然之间关联性的开创性论文中，得出了同一结论。由于大自然存在一种"呵护的魅力"，所以，比起在繁忙都市中漫步，林中散步对于大脑更有益处。这一特点并非来自大自然的静谧之感（毕竟大自然有时也很喧闹），而是由于大自然特别能够"呵护"人们的注意力。

鉴于人类在历史上与大自然十分亲近，人们的认知在处理有关自然的视觉信号时，会处于最舒适的状态，比如，一片叶子、一棵树、一座山或一次日落。我们的大脑在处理这些事物时不费吹灰之力。所以，尽管在大自然中散步要调动更多的感官，但这却像是给大脑放了个假一样，相比之下，在人造环境中漫步则是意外地累人。

物理学家理查德·泰勒（Richard Taylor）也曾研究过这一与自然的关联性，其认为根本原因在于"分形几何学"。云朵、树木、花朵、雪花等所展现的复杂图形反而易于观赏。泰勒发现，只是看着这些事物，就可将人们的紧张程度减少 60% 之多。而当我们脱离这些最原始的提神剂后，紧张程度则会提升①。

值得注意的是，女王唯一觉得不自在的一段时间，就是她无法和大自然亲近的时候。2003年，由于女王右膝软骨撕裂，她曾一反常态地向自己的一位朋友倒了苦水。据她自己说，她在手术之后"闷在屋子里"，这让她觉得异常烦躁，十分脆弱。这是女王对所继承的王位发出的唯一抱怨。要是女王不加紧阅读文件，那些每日被呈上的红色文件匣将会把她和窗外的自然彻底隔绝开来。而在异常忙碌的时候，女王也承认道："想到我本应在户外活动的时间却被用来阅读文件，这确实让我感到闷闷不乐。"

而有一些英国首相，比如撒切尔夫人，则认为在巴尔莫勒尔堡附近覆满石楠的山上跋涉等户外活动，只不过是一趟又冷又湿的荒唐行程，实在是浪费时间和精力。托尼·布莱尔则显得更加迷惑，他称那次充满野外活动的巴尔莫勒尔堡"乡下小屋"周末之旅"混杂了趣味、离奇和怪异"。但这些国家公仆的在任时间是有限的，所以完全可以宅在唐宁街的家里一动不动。然而女王这个工作可是要干上一辈子的，所以其在满足自身基本需要方面有大局观。女王同意约翰·卢伯克（John Lubbock）爵士那种要做长远打算的哲思："在夏天偶尔躺在树下的草地上，侧耳倾听水流的细语，或是看着白云飘过蓝蓝的天空，这绝对不是浪费时间。"可以这样说，要是没有在乡下放松身心的这一方式，女王不可能会坚持这么久。女王和

---

① 当人们更多地与大自然亲近，尤其是在树林间穿行时，将会大幅提高免疫系统能力。"在林中漫步对健康所产生的直接影响是任何药物都无法企及的。"李清（音译）博士这样说。其研究发现，仅是在森林中进行呼吸就能提升人体杀伤细胞的天然水平，这种白细胞能够有效地抵抗疾病。这样的研究结果带火了日本颇具人气的"森林浴"，这也解释了为什么女王每次从树林密布的巴尔莫勒尔堡回来后，都会觉得精神迸发。"那里的空气总是飘荡着一股松树的味道。"传记作家莎拉·布莱德福德这样说。

菲利普亲王也将这项皇家生存技能传授给了自己的孩子们。

在苏格兰和诺福克的乡下生活让他们的四个孩子都学会了欣赏野外生活之乐。菲利普亲王教会了他们如何在碳棕色的迪伊河里捕鱼，伊丽莎白二世则会带着他们在附近的山间猎鹿，一定会让他们感受捕到自己的首个猎物后，那种鲜血飞溅到脸上的感觉[①]。作为一个坐拥一切的公主，安妮公主则认为，儿时真正的"奢侈"经历其实是和母亲连着几天在植物茬遍地的田野间骑马飞奔，抑或是观赏巴尔莫勒尔堡附近那由花楸木、欧洲白桦以及参天的古老欧洲赤松所形成的秋色。

附近的洛各尼噶山景色如此之美，让查尔斯王子特别沉迷，他甚至因此为弟弟们创作了一个名为"洛各尼噶山老人"的睡前故事，就是有了这样快乐的铺垫，后续他才能和弟弟们进行严肃的对话。尽管查尔斯王子有时对自然的热爱有些过头，也只有他能这样过火（他曾承认，自己会对花园里的蔬菜说话，以帮助它们成长），但没有人会质疑他对自然的热爱。他简直和乔治三世毫无二致，查尔斯王子曾公开说过，他要是不当王子，应该会是个农夫。

让戴安娜王妃感到不悦的是，威廉王子和哈里王子也很喜欢乡村生活。戴安娜王妃带着两个王子在伦敦过周一到周五时，会领着他们去快餐店、影院，还有游乐园，感受都市的美好。但一到周末，威廉王子和哈里王子则迫不及待地要去查尔斯王子位于乡下的海格洛夫庄园，或者说是海格洛

---

① 人们一直对英国上层阶级的捕猎行为进行谴责，觉得他们总是"今天天气真不错，我们外出捕猎吧"！事实上，猎鹿这种行为背后有着重要的种群延续意义。正如女王的表姐玛格丽特·罗兹所解释的那样："自然栖息地只能保证一定数量的鹿生存繁衍，一旦鹿群所赖以生存的草地和石楠消耗殆尽，它们会因饥饿而悲惨地缓慢死去，所以每年需要对它们人为宰杀。"不仅如此，猎来的鹿没有一点浪费，要么会在皇家厨房中加以烹饪，要么会被卖到国外，就连它们的蹄子和眼珠也不例外。

夫农场。

"两个王子太喜欢那里了……他们毕竟在肯辛顿宫闷了整整一周"，传记作家彭尼·朱纳说。海格洛夫庄园"对小男孩们来说，是满足他们吵吵闹闹、活力四射、好奇天性的绝佳地方"。那里有可以在上面奔跑的柔软草地；有动物可以让他们骑着玩、喂养，或是追赶；有可以探索的丛林；还有灰扑扑的干草堆能让他们跳进去玩耍。戴安娜王妃很少和他们一起去海格洛夫庄园，即便她在那里的时候，也经常是闷在室内，要么和朋友们煲电话粥，要么就是看杂志、看电影。她根本不懂乡下有什么意思，不明白为什么威廉王子想在长大后成为一个猎场看守人。威廉王子和哈里王子似乎很喜欢他们的保姆"迪基"的玩乐方式，远远超过和自己母亲从漏斗滑梯上飞速滑下的乐趣——这一瞬间曾被媒体捕捉到。这样的落差让戴安娜王妃心生嫉妒。"我满足了他们在这个阶段的所需，"迪基像个如假包换的温莎王室成员一样说道，"新鲜空气、步枪，还有马。"

但是，在戴安娜王妃去世之后，全国上下大多数人也都不理解温莎王室当时的想法。事件发生不久就引起了轩然大波，女王受到了四面八方的攻击，人们批评她将王子们"关在"巴尔莫勒尔堡。但女王尽可能久地顶住了这种狂暴的民意沸腾，这几乎毁掉了英国王室的公众形象。究其原因，是女王坚信大自然有着让人复原的功效。那里有令人放松的溪水，周围还有松树，王子们在那里享受的几日平静让他们悄悄地疗愈了身心，而媒体对此永远无法共情。大自然正是小王子们当时应该去的地方。

也许伊丽莎白二世想起了她的世界骤然停下的那个时刻，而当时正是大自然悄然帮助她做好了准备，以面对接下来的磨难。就像是王室成员的命运轮回一般。伊丽莎白一世在得知自己成为女王时年仅25岁，当时的她坐在树下。彼时还是公主的伊丽莎白二世在同一年纪成为女王，只不过她得知这一消息时是在树上。

　　1952 年 2 月 6 日的清晨，伊丽莎白二世和菲利普亲王当时正在肯尼亚进行英联邦巡回访问，两人前一晚睡在了巨型无花果树上架起的小木屋里，他们本计划早早醒来，一睹非洲黎明宏伟壮观的景象。与此同时，当晚的某一时间，在非洲大陆另一边，乔治六世国王在梦中猝死。然而，伊丽莎白二世当时身处非洲丛林，切断了与外界的所有联络，她确实是全英国最后一个得知自己成为女王的人，从此，她要统领起大不列颠及北爱尔兰联合王国以及其他领土和属地。回想起这些，会让人觉得这是上天的恩赐。在噩耗传来前那最后几小时里，伊丽莎白二世能在大自然绿茵环绕的怀抱里安然休养，这可谓弥足珍贵①。

---

　　①　伊丽莎白二世的外祖父斯特拉斯莫尔伯爵一定会倍感骄傲。据大家所说，他是一位温文尔雅、说起话来轻声细语的绅士。他本人十分喜爱树木，一直悉心呵护着自己在苏格兰和英国各个庄园周围的树林。他经常穿着一件系着粗线绳的旧雨衣，因此常被人以为是个普通的劳动者。他"熟知有关时节、植物、动物的相关学问"，传记作家卡萝丽·埃里克森说，"好像他自己就是个常居森林的动物一般"。

法则十二：睡觉也是一项职责

劳动是项技艺，但充分休息则是一种艺术。

——亚伯拉罕·海舍尔（Abraham Heschel）

英国王室都很清楚，当生活中缺乏必要的休息时会有怎样的后果。目前，已经有两个鲁莽的王室成员差点打破这一规定，就是因为他们不懂得适当休息。19世纪的那一位是阿尔伯特亲王，他就是那个娶了维多利亚女王的无休无止的工作狂。他胸怀巨大抱负，决心改革英国上下，改革英国王室，整个人兢兢业业，十分勤勉。一项有意义的工程刚刚结束，他就又为下一项工程奋战到深夜，直到他终于承认，感觉自己"因为过度工作而缺乏生气"。他的医师已经担忧地指出，阿尔伯特亲王不眠不休的工作方式正是导致他健康状况急剧下滑的原因，但阿尔伯特亲王无视了他们的恳切建议，于是，在43岁生日之前，他真的了无生气了。

维多利亚女王将阿尔伯特亲王的英年早逝怪罪到了全英国上下（在她眼里，有错的怎么会是阿尔伯特亲王），于是，她在数年间从未理会那些阿尔伯特亲王为之鞠躬尽瘁的英国民众。这命运般的决定让英国上下因为缺乏女王主持大局而变得六神无主，很快全国就掀起了一股极为强烈的反英国王室情绪。

把那首古老的童谣换个词来唱，就是：整个国家几近覆灭，就是因为缺少短暂的休憩①。

但也不能把伊丽莎白二世女王描述成休息和放松的守护神。我们都已经看到，女王自己工作起来一样不知疲倦，而她的在位时间也远超阿尔伯特亲王（超出大约55年）。不过，女王显然采取了更聪明的工作方式，比起两位亲王拒绝为玩乐花时间的态度，她对玩乐更看重一些。女王的说话风格一向是有分寸且轻描淡写的，她只是淡淡地说："在这样奔忙的生活之下，能冬眠几许是不错的。"尽管英国民众自身十分享受也要求享有放松时间，但女王知道，民众并不希望看到她放下工作，跑去享受假期，所以伊丽莎白二世从不强调自己的休闲活动。这倒不是因为女王假装谦逊，而是因为她的假期确实从来都少不了工作……并且，女王大概也并不想言过其实。

成为女王之后，议会文件、首相，以及那无处不在的红色文件匣哪里会管你是不是在度假。成年之后，伊丽莎白二世从来没有真正享受过在沙滩上的假期，也从未仅仅因为想享受日光浴而跑到国外旅行。她的所有海外"旅行"其实都是出差活动，是在英国政府精心安排下，让其为国效力的别有用心的活动罢了。但女王似乎并不介意。其实，不只是不介意那么简单。王室传记作者布莱恩·霍伊说："日光浴是女王丝毫不会考虑的事情。"

女王所倾向的休闲方式和她的个性密不可分。她可能比历史上任何一

---

① 查尔斯王子似乎还是没有从中学到教训。在卡米拉成为康沃尔公爵夫人后的首次官方访谈中，她公开谈论了自己丈夫那全神贯注的工作习惯："他从来不会停下工作。他太让人心累了……我会蹦上跳下地对他说：'亲爱的，你觉得我们是不是可以享受一点安静的个人时光呢？'但他总是要处理手头的事情。"

个人的握手次数都多，但女王归根结底要比很多人所想的内向多了。《读者文摘》称其为"世界上最著名的内向者"。而内向的人和外向的人休整方式是完全不同的。爱交际的人自然而然倾向选择更刺激的环境。外向的人可能认为，在加勒比地区度过疯狂的一周、滑滑索道、和当地人在发出当当响的钢鼓声中打成一片，这才是一个解压的假期。

但这样的假期会让内向的人精疲力竭。因为只有当外部刺激降到很低的情况下，内向的人才能得到休整。因此，在内向的人看来，真正的假期需要有充足的时间享受安宁、审慎、归隐，以及令人放松的惯例，除身边几个值得信任的伙伴之外，还要有足够的隐私。而继承了王位之后，女王仿佛来到了不该去的外向者一边（据玛格丽特公主所说，做女王所享有的隐私就像"在水缸里的金鱼一样少"）。为了更有效地履行女王的职责，伊丽莎白二世需要经常关注一下那个内向的自我①。

因此，女王每年在巴尔莫勒尔堡小住，这对她的整体健康至关重要。桑德林汉姆宫是女王庆祝圣诞节和新年的另一处乡下庄园，那里有极其繁忙的交通路网将其贯穿，与之不同，巴尔莫勒尔堡才是王室成员免受打扰的真正好去处。巴尔莫勒尔堡附近的交通路网绕其而行，而非贯穿其中。这座占地面积约2万公顷的苏格兰庄园有一种与世隔绝感，尽管这让戴安娜王妃简直无聊到想流泪（她是货真价实的外向性格），女王则觉得这里有种无法言喻的平静感。"在外几公里之内经常都看不到一个人影。"女

---

① 如果你不确定自己的性格究竟属于内向型还是外向型，可以先问问自己这个经典的问题：和朋友们进行一夜狂欢之后，你会觉得活力四射，还是会觉得整个人被掏空，必须安静下来恢复元气？如果你处于中间的某个状态，那你可能是一个中间性格者（两种性格均占）。如果是这样，那就真的恭喜你了——你可以自由切换，享受两种性格之妙。

王有一次这样说，语气中明显带着如释重负感。

　　很多人已然忘记，巴尔莫勒尔堡在"二战"初期确实代表着平静。在战争开始后的前几个月里，伊丽莎白二世和玛格丽特公主都在与世隔绝的巴尔莫勒尔堡被保护了起来，远离了危险的伦敦，而他们的父母依然坚定地守在白金汉宫。"整个欧洲都没有了灯光，"她们的女家庭教师回忆道，"而那高高的山岳之上却充满了平静……没有任何轰炸发生。"现在，尽管女王每次在巴尔莫勒尔堡小住两月时，每天依然要处理公务，接受着来自政府的消息轰炸，但这整体还算得上是独享安宁的工作时间。对一个内向的人来说，这依然称得上是可以恢复元气的"冬眠"时间①。

*

　　苏珊·凯恩（Susan Cain）的著作《内向性格的竞争力》是一本关于内向性格如何正常运转的畅销书。在书中，苏珊认为，世界上最富创意和高产的知名人士都需要类似的冬眠时间，才可以在业界保持出类拔萃。查尔斯·达尔文（Charles Darwin）就是一个内向的人，他曾毫无愧疚地拒

---

　　① 幸运的是，伊丽莎白二世从来没有将休息视为在沙发上懒散坐着的无所事事。"度过一个无所事事的假期这种想法对女王来说是难以忍受的。"布莱恩·霍伊这样说。这也进一步解释了为什么女王从来不喜欢在海边一直懒洋洋地消磨时间这种度假方式。在女王还小时，在学校所规定的休息时间里，只要休息超过30分钟，她就会变得坐立难安。现在，女王倾向的休息方式依然是做一些她喜欢的休闲活动，一般是户外活动，且经常与马有关。这种做法现在有时被称作"刻意休息"。米哈里·契克森米哈赖等一众心理学家认为，比起单纯躺着什么也不做，"刻意休息"更容易让人恢复元气。背后的原因在于："需要技能支撑的爱好，设定了目标和限制的习惯，个人兴趣，尤其是内在的自律性，这都能让休闲时光发挥其真正的作用——让人进行再创造。"

绝了晚宴邀约，转而独自一人漫步，为的就是更好地孵化自己的想法。希奥多·盖索（Theodor Geisel，也就是人们熟知的苏斯博士）也是如此。尽管他在书中有着热情洋溢的人格，但他很少会和粉丝会面，他需要大把的时间独处以便激发想象力。他的家位于加利福尼亚，他甚至喜欢在家外一个钟楼里像个隐士一样工作。"独处十分重要，"苏珊·凯恩说，"对某些人来说，无法独处等同于无法呼吸。"

一帮铁石心肠的超级外向型英国媒体人则从来不理解独处的重要意义所在，这一点尤为体现在 1997 年的一件事上。当时，人们还没从戴安娜王妃之死一事中恢复过来，媒体人就开始极度疯狂地推进对整个君主制的"现代化改造"。其中就包括让皇家游艇"不列颠尼亚"号退役的要求，要结束其对王室长达 40 多年的服务。回头看，这一举动十分欠考虑。

和往常一样，女王在政治家们的突发奇想面前优雅地让步了，只是在皇家游艇的退役仪式上流下了几滴眼泪，这是女王罕见的在公开场合流泪的时刻之一。她流泪的原因并不是媒体盲目猜测的那样，她并非只是为了一艘游艇而流泪，而是为她珍贵的独处时间和无价的家庭回忆而流泪。包括丹麦、西班牙、挪威等欧洲王室家族们之所以无视批评，保留自己的皇家游艇，就是因为这一点。

之所以建造"不列颠尼亚"号，一部分是为了让劳累过度的乔治六世国王好好休息。温斯顿·丘吉尔是当初支持建造"不列颠尼亚"号的人之一，而他自己就经常承受着关于休息的批评。在"一战"时作为英国海军大臣的丘吉尔有一个习惯，就是要在午后小睡，以此恢复精力，振奋头脑。不过，他还是要一直向旁人解释自己午睡的重要性，每天午后有一个小时的时间，他是完全不接受任何政府会议安排的。这成了"丘吉尔先生日常不容变更的规矩之一，他一定要有小睡时间"，丘吉尔的贴身男仆弗兰克·索耶斯

（Frank Sawyers）曾这样说。即便在策划"二战"顶级机密的作战室里——那伦敦地下如迷宫一般的地方，丘吉尔也会到一间特意留出的房内小睡一会儿。如果他当初没有留出这样的时间让自己安静休息，那他后来可能也就不会代表着那不知疲倦的"二战"精神——保持冷静，继续前进。他认为："人们天生就不能在没有小睡的情况下从早干到晚，即便只是睡上20分钟，也足够让人恢复精力了。"

丘吉尔的这一面也在电影《至暗时刻》中有所体现，他也在乔治六世面前为自己的日常小憩做辩护，而近乎是工作狂的乔治六世无论如何也不能理解，为什么首相丘吉尔不能改掉这有些孩子气的午睡习惯，尤其是在战时这样的特殊时期。当然，这场争论最讽刺的一点在于，疲于工作的乔治六世国王将在10年后迎接死神，而像国王一样爱抽烟且比国王还爱喝酒的丘吉尔则活到了90岁高龄。在伊丽莎白二世初为女王的那几年里，他一直引导着当时最为脆弱的她，这一点显然被伊丽莎白二世记在了心里。

《仆人女王与她所侍奉的君王》一书的作者们罕见地得到了女王的允许，可以在女王将近自己90岁生日的时候，近距离观察她是如何孜孜不倦地为英国社会做出贡献。他们也特别说明了女王能如此工作而不衰的警世原因："女王会好好度假……她不会将自己的存在意义建立在辛苦工作之上，不认为地球缺了她就会停止转动。一定要留出休息的时间。"

第四章

女王的思考法则

当一切都变得无望，一切都覆水难收，就越要不动声色，如此才可显示出威仪。

——《女王密使》作者伊恩·弗莱明（Ian Fleming）

2012 年，伦敦夏季奥运会组委会摊到了可能是最为棘手的一项工作。他们需要为奥运会开幕式捕捉所有能代表英国的标志性元素，从英国国民健康保险制度到哈利·波特，而已经存在了千年的英国君主制度则让这项任务难上加难。到底应该怎样将代表了整个英国的女王及其核心精神表现出来，还要让数百万来自不同文化背景的观众们在仅仅 5 分钟之内把握其精髓呢？

　　尽管需要屏息凝神地等待女王陛下的同意，但他们最终敲定的方案可以说是几近完美。伊丽莎白二世女王要在詹姆斯·邦德（James Bond）风格的短片中担任配角，与其搭档的是男演员丹尼尔·克雷格（Daniel Craig），虽然女王只有一句开场白——"下午好，邦德先生。"但她通过自身身份所表达的远不只这些。女王的全部表演都传达着一种镇静感：无论是邦德进入女王的办公室那一瞬间（大概是为了救女王于水火之中），还是女王淡定地登上直升机，抑或是她最终在印有英国国旗图案的降落伞下冲进奥林匹克体育场的那一瞬间（由特技替身演员完成）。在整个过程中，女王拿捏住的表情都体现出"必须如此"的极度冷静之感。这让整个体育场的观众们在难以相信的惊讶过后，瞬间发出震耳欲聋的欢呼声，威廉王子和哈里王子则带头叫喊着"奶奶加油"！他们和全国上下的人们一样，被这一表演惊呆了。因为每个英国人都知道，詹姆斯·邦德式的元素固然有趣，但女王这可不是什么表演。这就是他们熟知且敬仰的那个冷静的女王，即便这意味着要假装佩戴降落伞横穿伦敦，她也不会有任何情绪波动。

"平静"似乎在很久前就成为伊丽莎白二世女王最显著的王室风范特点，从此之后，传记作家们都在试图寻找女王人设崩塌的瞬间，却总是无功而返。对英格丽德·苏厄德来说："女王是史上最靠得住，最镇定自若，也是抱怨最少的君主。"对安德鲁·玛尔来说："女王从未当众说过一句哗众取宠的话。没有任何可靠的记录显示女王曾发过脾气，骂过脏话，或是拒绝履行她应尽的职责。"

曾有人对女王放枪，也经常会有愤怒的马匹冲向女王，曾经有一个有自杀倾向的疯子闯进了女王的寝室要和她谈谈，爱尔兰示威者们也曾向女王扔过石头，一个跑偏的板球还差点让女王的脑袋开花，但女王都用其镇静自若和自信忍受了这一切，即便是其最勇敢的共事者也对此感到难以置信。说到那颗跑偏了的板球，当板球冲向看台并最后砸到女王旁边的一个椅子上时，周围所有人都惊得直跳脚，只有女王依旧泰然自若地坐着，"泰然自若"这个词现在基本上已经是女王的代名词了。

"我从未见到女王显露出任何惊慌。"曾作为助理私人秘书服侍女王15年之久的爱德华·福特（Edward Ford）承认道。就连拥有丰富想象力的儿童文学作家罗尔德·达尔也无法想象出伊丽莎白二世在镇静和淡定之外，还会表露出哪些情绪。在其《好心眼儿巨人》一书中，当巨人出人意料地出现在白金汉宫门外时，只有女王没有任何惊慌，"她不会像女仆一样惊叫。作为女王，超人的自制力不会令其尖叫……尽管那会是女王有生以来第一次看到巨人，但她还是能保持超乎寻常的镇静"。

但经典的特质也总是会招致经典的误解。比如有些人就认为，伊丽莎白二世之所以能保持泰然自若，完全是因为她高高在上的地位，这让她不费吹灰之力就能保持镇静。女王保持内心平静的秘诀就是"从不需要搜寻停车位"，第二代诺里奇子爵约翰·朱利叶斯·库伯（John Julius Cooper）曾这样打趣地说。另外一些人则认为，女王生来就如此，提及那些王室仰慕者们的甜言蜜语，他们自称曾看到当时还在摇篮中的伊丽莎白二世脸上"有一种特别甜蜜的平静感"……甚至还说看到了天使光环。

无论怎样，大众一般都认为，女王这种得以传世的经典品质并非源于她自己的努力。但这确实是女王努力得来的，泰然自若也是一项可以习得的能力。正如女王的朋友蒙蒂·罗伯茨（Monty Roberts）所观察的那样，这种能力是"在面对困境时表现得更加冷静，而不是在肾上腺素飙升之下表现得惊慌失措"。只不过，伊丽莎白二世让这一技能显得过于轻巧，她熟练隐藏起了自己多年的练习和颇有哲理的行事方略，这些都是她有意选择的长久生存之道①。

尽管这些已经成为女王的第二天性，但保持这些特质绝没有人们所想的那样容易。所以，人们只看到了女王平静的表面。但千万不要误以为这就是全部，一直向往着像女王一样能保持镇静的威廉王子解释道："我们就像水上的鸭子一样，表面上看起来平静，但我们的脚掌则在水下动个不停。"我们将在接下来的内容中一同探索这如同鸭子拨水般的技能……

---

① 此时要对女王的生存之道表示致敬：詹姆斯·邦德系列电影中，主人公们在荧幕上所经历的波折，女王在现实中都亲身经历过。不仅如此，女王得到加冕的同年，詹姆斯·邦德系列书籍的第一本也得以问世，那就是 1953 年。

法则十三：喜怒不能露于众

丘吉尔：落在你肩上的职责……是无上的荣光。

伊丽莎白二世：有时，这份荣光让我痛苦。

丘吉尔：不要显露出这种痛苦就行，陛下，你的臣民们不想在你身上看到这一点。

——彼得·摩根（Peter Morgan）所作戏剧《女王召见》

死亡像极了戴安娜王妃的终极报复。至少在1997年那奇怪的一周里是这样的。戴安娜王妃在她生命的最后几年里，一直赞叹着公开自我情绪后的兴奋感，她会发自肺腑地向任何一位愿意倾听的记者诉说。在她去世后，世界上却似乎出现了百万个像她一样的模仿者。一个人对戴安娜王妃过世所感到的悲痛程度则成了衡量其性格的标尺，不管他们在戴安娜王妃生前是否了解她或喜爱她。

女王则不动声色。除了做出少许史无前例的让步之外，比如，在白金汉宫将英国国旗降半旗，并以"祖母的身份"直接面向全国发言，女王并不想参与到这举国上下没完没了的痛哭流涕中。女王一向不愿在公众面前显示悲伤，而她当时也不想破例。但女王的这一决定让媒体怒提改革之事。

《每日快报》就曾发言威胁道，如果女王再不表现出情绪的波澜起伏，那么君主制日薄西山的速度将"被大幅推进"。而其他的新闻头条则叫嚷着"让我们看到你是在意的"，而他们无法理解的是，女王正是由于太过在意，所以才显得如此克制。只是为了应景而表演一场哭戏，这不仅与女王的性格不符，也会极大影响到英国一直以来对女王的要求。

具体来说，一国之主不是在你哭泣时可以依偎的臂膀，而是一个可以依靠的坚强后盾。对温斯顿·丘吉尔来说，这是女王对整个国家做出的"无价奉献"之一。他观察到，"无论政党纷争如何起伏，无论英国大臣和一些个人如何兴衰，无论舆论和公共财富如何变化，英国的君王都会一成不变地、保持镇静地、至高无上地行使着自己的职能"。

要想作为人民的坚强后盾，女王就必须保持一定程度的安静和镇静自若。而当今时代，名人们宣泄着他们生活中的每一次情绪起伏，真人秀明星们则会为了一朵玫瑰的凋落而哭泣，女王的镇静反倒令人震惊和耳目一新。女王内心的情感世界和她个人的政治观点丝毫不为人知。

女王曾在长达 11 年的时间里，每周都与撒切尔夫人会面，但她从未表露过对撒切尔夫人的个人看法。针对其在位期间的 15 位英国首相，女王一直都绝口不提自己的看法。同样，女王对于 1956 年苏伊士运河危机以及近些年的伊拉克战争也从未发表过个人看法。为了女王的职责，也为了整个英国，英国前外交大臣戴维·欧文（David Owen）称，伊丽莎白二世"鼓起勇气成为一个无聊的人"。观看过网飞《王冠》一剧的人想必已经发现了这一点。随着剧情的推进，剧中伊丽莎白二世这一角色的相关主线故事变得越来越少。现实中的伊丽莎白二世女王太过擅长掩饰个人情绪，如此便没有丑闻加身，这一剧集的编剧们只能在其他王室成员身上找绯闻。女王的这一特质也许不能制造出劲爆的剧情，但却毫无疑问地让她变得更为强大。

*

　　情绪波动对温莎王室来说从来不是一件好事。梅根·马克尔（Meghan Markle）加入王室但又迅速离开王室的事情就说明了这点。梅根是好莱坞氛围中熏陶出的产物，好莱坞的演员们都因为"真性情"和性格敏感而备受推崇，梅根在当上苏塞克斯公爵夫人之后，依然用着那套好莱坞剧本。她会抱怨王室生活的困难之处，也过于强调自己对环保政策的推崇，尽管她类似的发言确实不多，但也足以让她显得爱发牢骚，十分骄纵，并且有着人上人的那种伪善（乘坐自己十分费油的私人飞机去消暑）。

　　梅根打破了王太后多年之前立下的两条重要规矩——"不要抱怨，也不要解释"。这引起了媒体对她的无比反感，哈里王子不得不进入半放弃王位的状态，才终于结束了媒体言辞尖刻的攻击①。不管梅根自己怎么想，但她绝不是个饱受攻击的特例。王室历史上多的是这种悲惨故事，人们为了追求情感的释放而放弃了克制，最终追悔莫及。1558 年，经常怒不可遏的苏格兰女王玛丽一世丢掉了整个国家、王位，以及她自己的性命。就是由于她缺乏情绪上的自控力，最后落得与之前怒发冲冠被斩首的英格兰王后安妮·博林（Anne Boleyn）一样的下场。在玛丽一世之后，英国国王查理一世也因为同样的原因掉了脑袋。

---

　　① 相比之下，凯特王妃谨慎的情绪管控力成了她王室生活的终极保护伞。她"极其谨慎"，传记作家彭妮·朱纳写道，尽管她"曾被追踪、骚扰、跟踪、偷拍，人们还曾笑话她中产阶级的出身……批评她没有一份正经工作。但她从来没有上过钩，从没有对家人之外的任何人袒露过心声，也从未行偏踏错过一步"。

因此，从刚刚懂事时起，伊丽莎白二世就被反复灌输了这一信念，她能生存与否，很多情况下要看她能否控制自己的情绪。我们可以看到，女王童年时并非禁止玩乐，也不存在受到压制，但"在成长过程中"，据女王的表姐玛丽·克莱顿（Mary Clayton）说："她被教育一定要控制自己的脾气和情绪，一定要做情绪的主人。"无论是擦伤了膝盖，还是在父母进行海外巡回访问前那令人难过的道别，她要做的就是快速平复心情，最重要的就是，不要"小题大做"，当竖着耳朵的记者就在旁边时，就更要如此。

"从小我就学会了，永远不要在公众面前展露情绪。"女王说道。这是一种实用的做法，能提前一步将过往君王那众人熟知的暴脾气压制下去。乔治一世的后代们似乎天生脾气就不好，这也被称为"汉诺威王室的喜怒无常"或是"汉诺威式坏脾气"。乔治六世就像他的父亲和祖父一样，成人之后也经常暴跳如雷，这甚至被他的家人和雇员们称为"咬牙切齿"。"认识他与和他打交道并不是一件易事。"他的侍从武官詹姆斯·斯图尔特（James Stuart）承认道。有时，他在场时，人们要把贵重的装饰品搬走，以防他毁掉价值连城的古董①。这样的性格传给了查尔斯王子。据说，他要是不能把头发整洁地分开，就会暴怒；他想呼吸新鲜空气的时候，打破了朋友乡下别墅的窗户；和戴安娜王妃大吵一架后，他把瓷制水槽从墙上拽了下来。

---

① 乔治六世这种"咬牙切齿"的怒气一般会被他富有同理心和特别接地气的妻子所安抚下来。一次，乔治六世对南非进行访问，希望能说服南非日渐激进的民族主义者们不要将南非分离出英联邦。整个访问让他十分火大，他咬牙切齿地对自己的妻子说："我真想把他们都枪毙了！"对此，他的妻子只是淡淡地答道："但是伯蒂，你不能把他们全都枪毙。"

尽管这在今天听起来特别难以想象、特别不寻常，但伊丽莎白二世在出生后也带着一股汉诺威式的怒气冲天劲儿。据她的女家庭教师说，伊丽莎白二世公主会朝着玛格丽特公主来上一记"左勾拳"，曾经还因为"无聊到令人恼火"，所以顶撞了一位法语老师，把整整一瓶墨水都倒在了自己的头上。但很快，在母亲的言传身教和循循善诱下，她的情绪爆发被控制到了最小，脾性也得到了驯化，除了她现在的沉稳性格外，公众根本来不及了解她还曾有这样一面。"二战"爆发前不久，女王的父母要去北美洲进行政治宣传巡回访问，伊丽莎白二世在码头向他们挥手道别时，已经可以教导玛格丽特公主保持克制的王室风范所要做的具体细节。玛格丽特公主拿在手里的手帕只能用来做一件事，伊丽莎白二世告诉她："手帕是用来挥舞的，不是用来擦眼泪的。"

　　在我们当下这个宣泄情感的时代，确实很难理解这种隐忍，但保持情绪克制是当时整个英国社会所崇尚的理想状态。毕竟，隐忍才是那段时间的主旋律：从19世纪70年代到20世纪60年代，在这中间约100年的时间里，大部分的英国人都一致认为，在公开场合下，最好对情绪加以克制，而非宣泄。海伦·米伦回忆道，那是"有气节的一代人"。心理学家米哈里·契克森米哈赖认为，"人们觉得有义务严格控制自身情绪的那段时间"（比如古斯巴达、尚儒的中国、罗马共和国）称得上是人类历史上能影响后世的时代之一。伊丽莎白二世成长于这一时代特点达到高潮的时期。

　　"当时与现在简直是两个世界，"女王的堂哥第七代哈伍德伯爵乔治·拉塞尔斯回忆道，"人们不太愿意谈及个人私事。"电影《女王》的编剧彼得·摩根认为，这是铸成女王性格的基石，他在设计这一获奖电影的情节时，主要围绕着女王与我们这一代人之间的强烈对比展开。女王在戴安娜王妃死后所表现出的那种镇静，对比着"我们这一代自恋且无法承受痛苦的人们"。我们这一代人不会理解，反而会嘲笑英国近代那些彰显坚毅品质的行为，这放到现在反倒成了一种传说。好比那个负伤躺在索姆河泥泞战壕里的不知名战士，据说，他只会鼓起勇气嘀咕一句"我不能发牢骚①"。正如传记作家贾尔斯·布伦迪斯（Gyles Brandreth）恳言相告的那样："面不改色不是什么梗，而是一种值得为之骄傲的国民特质。"不仅如此，这一特质背后，是最为古老且最为实用的心理策略——崇尚恬淡寡欲的斯多葛主义。

*

斯多葛哲学学派创立于约公元前 301 年的雅典，尽管其经常被误认为是电影《星际迷航》中斯波克这一角色所表现的情感障碍，但斯多葛主义并不推崇消除所有感情，只是为了让负面情绪降到最低。作为古代最体恤民情的一批心理学研究者，斯多葛学派的学者们认为，美好的生活基于日常的"心平气和"（ataraxia）。这并不是一种泯灭感情的"行尸走肉状态"，哲学教授威廉·B.欧文（William B. Irvine）这样解释道："斯多葛主义下的心境平和指的是消减了悲伤、愤怒、焦虑等负面情绪，只留下快乐等正面情绪的心理状态。"最重要的是，斯多葛学派的学者们认为，人们在本质上就是坚忍和理性的，无论面对怎样的境遇，人们总可以决定自己的

---

① 英国文化历史学家莎拉·莱尔指出，与之形成鲜明对比的是，大卫·贝克汉姆（David Beckham）在 2003 年与其教练在曼联更衣室大打出手后的反应，当时，一只被踢掉的鞋意外撞到了贝克汉姆的前额。"他没有忍气吞声，"莱尔说，"而是把自己挑染过的头发用头带矫揉造作地束了起来，大步走到等在门外的一排闪光灯前，让摄影师们把他贴着创可贴的受伤前额照了个痛快。他甚至散布出消息，说伤口被缝了几针。"

情绪反应。正如当代斯多葛学派的学者瑞恩·霍利迪（Ryan Holiday）所解释的那样："人们真正的力量来源于自控力……对自我情绪的驯化，而不是假装自己没有任何情绪。"

2000 多年之后，斯多葛哲学理念会通过英国人隐忍克制的品性所展现，整体接受 20 世纪某些最悲痛时刻的考验，最终证明，斯多葛主义是效果拔群的心理安抚方式。在第二次世界大战爆发之初，英国的心理学家曾担忧，在战争阴云的影响下，患心理障碍的病人数量会急剧增加，让医院人满为患。他们认为，公众无法应对如此大规模发生的"炮弹休克症"。

但英国大众的真实反应并非如此。平复心绪的能力是普遍现象，而非个例，战争期间，心理疾病的出现率也没有上升。丘吉尔当时有一句家喻户晓的战斗口号——"永不退缩，永不疲倦，永不绝望"。像王太后一样，民众坚信这是度过困难时期的最佳方式。他们觉得，分析负面情绪或重提不愉快的旧事，都无济于事，还不如就像战时口号所宣扬的那样"逆来顺受"。1940 年 10 月 15 日，一颗炮弹炸毁在英国广播公司总部大厦的楼顶，尽管这让 7 层楼之下的广播员布鲁斯·贝尔弗雷奇（Bruce Belfrage）浑身布满了烟尘，但他还是坚持平静地读完了晚 9 点的新闻。就是这种斯多葛主义所倡导的品质让他坚持前行。

但要说到斯多葛主义大获成功的故事，就不得不提 1966 年发生的阿伯方悲剧。当时，一所位于威尔士的乡间学校遭遇了伤亡惨重的塌方事故，导致 116 个孩子和 28 位成人被掩埋。遇难孩童的家长以及生存下来的孩子们之后并没有被迫接受心理疏导员和心理咨询师的辅导，他们也没有以受害者的姿态索要赔偿，要求得到"宽慰"。按现在的标准来讲，在缺乏专业人士的心理辅导下，村民们本应无法独自走出悲伤，从而导致心理崩溃。谁知，他们无畏地进行了自我调节。学校在事故发生两周后就重新开课。悲剧发生一年后，对幸存儿童和遇难者家属进行辅导的心理医生们惊讶地看到，整个村子的人表现得十分正常，心理调适得非常好。"在不依靠心理辅导的情况下，村民们自我恢复得相当好。"《泰晤士报》如此报道称[①]。

当时，人们一向尊重自我消化悲伤的行为，所以，女王并没有立刻冲到事故发生现场进行访问。那些探头探脑的摄像机和新闻工作者们，怎么可能真正帮助整个村子摆脱悲伤呢？女王的表现才显示了真正的体恤之情，而在戴安娜王妃死后，她又自然而然地这样做了。但在那之后，她的臣民们则忘记了这一切，选择在心理医生的沙发上进行一场淋漓尽致的情感剖析，诉说让自己生气的事，怪罪除了自己以外的所有人，而不是像他们祖父母那辈人一样变得独立自主和隐忍。

*

1992 年，在女王进行那场家喻户晓的"多灾多难的一年"演讲时，她唯一一次在大众面前说出了带有少许抱怨意味的话。这场演讲总结了王室在过去一年中所经历的多项变故，那一年，查尔斯王子和戴安娜王妃决裂，安德鲁王子和莎拉·弗格森分居，安妮公主离婚，温莎古堡经历了一场严

---

① 他们之所以能挺过来，可能还存在另一个原因。社会学家将我们这一时代"受害者心理盛行"的特点与当时更为普遍的"尊严至上"特点进行了比较。在推崇"尊严至上"的社会中，人们普遍认为，人人都是情感正常且能自给自足的个体，可以在私人时间里以自己的方式解决个人困境，从而不需要来自专业人士的建议，也不需要针对什么人或事发泄一通。查尔斯王子的传记《威尔士亲王传》体现了社会风气逐渐转变为受害者心理盛行的状态，在传记中，他将个人失败全部归因于他的成长环境、父母、寄宿学校。这些都是典型的心理学术语，但这最后也没有为他换来多少大众的同情。

重的火灾，而愤怒的公众则拒绝出钱对其重建。"很少会有人在短短一年里经历如此之多的家庭风波，而这些还要被公之于全世界，这种需要额外承受的压力就更不多见了。"王室作家马克·格林这样说。然而，女王只用了英国人最轻描淡写的说法描述了这一连串会让情感脆弱的人完全崩溃的事件。"当我回看 1992 年这一年时，不会带着纯粹的喜悦。"她说道。这样评价当时的状况，乐观得都有些偏颇了，但这也是女王知道的向前看的唯一方式，她要尽快摆脱这种自己无能为力的个人困境。显然，作为未来的国王，威廉王子将这看在了眼里，也记在了心里。

威廉王子也承受了过多的青少年时期的心理创伤，比如，父母的离婚被媒体炒作得沸沸扬扬，父母各自在电视上承认有出轨行为，母亲的离世，父亲的情人后来成了家人。因此，威廉王子选择的情绪处理方式值得我们注意。毕竟，威廉王子的母亲是第一代享有自我表达权利的真人秀明星，她因为自己引领了"发于感性，而非理性"的潮流而自豪。作为在后斯多葛主义时代出生的人，戴安娜王妃"倾向自我表达，而非压抑感情；倾向分享自己的悲伤，而非埋在心里；倾向我行我素，而非让步于他人"，文化历史学家莎拉·莱尔这样说。

但这样过度曝光自己的伤心事却让威廉王子感到难堪不已，他亲眼看到，这并没有让自己的母亲得到任何宣泄后的解脱，也没有带来长久的快乐。（我们将在下一法则中探究其原因。）相比之下，威廉王子的祖母所坚持的斯多葛主义则在同样的困境中显得那样实用，在他看来，这仿佛是一片彰显情绪平静的绿洲。如何选择就显而易见了。"他效仿了伊丽莎白二世的做法。"为威廉王子工作了很久的私人秘书米格尔·海德（Miguel Head）这样说。尽管威廉王子从未用过在心理学上已经过时的词，比如"斯多葛学派"或"隐忍"，但他其实一直是个不折不扣的斯多葛主义者。那些最为了解他的人们，会将他描述成"一个踏实的小伙子，情绪稳定且镇定自若……任何事情都不会让他变得情绪过于激动"。桑迪·海尼（Sandy Henney）是查尔斯王子的新闻秘书，她是威廉王子性格形成时期陪伴其左右最多的人之一。据她说，威廉王子很少会表露情绪，她觉得，经历过戴安娜王妃过度分享成瘾的表现后，威廉王子的这一特质让人觉得不同凡响。"我觉得，他怀有一种自我保护的意识，"海尼说道，"在被问到私人问题时，威廉王子会尽可能如实回答，但谢天谢地，人们别想刨根问底，他不会袒露最真实的自我。"

传记作家彭尼·朱纳将这称为威廉王子的"心理盔甲"：他可以挺过这令人心碎的创伤，而无须过多分享自己的真实心理活动。虽然你可能以为，威廉王子这种斯多葛式的克制会让他完全脱离那种令人泪眼婆娑的情感世界，但现实却恰恰相反。威廉王子现在已经被公认为是最受人喜爱、最值得信赖、最可以共情，也最从容镇静的温莎王室成员之一。威廉王子的一位朋友描述称："他是那种你愿意在战壕里一起并肩作战的人。"

显然，玛丽王后想错了。时间拨回到1913年，她当时还担心情绪"控制技巧"已经从现代社会中完全消失了，取而代之的是肆无忌惮的情绪外露。英国要堕落为泪崩之国了。然而，一切并没有改变。我们依然青睐像伊丽莎白二世和威廉王子这样代表着斯多葛主义良好品质的人，依然排斥像梅根·马克尔这样带有一定弱点的人，因为这些弱点正是我们不想从自己身上看到的。人类历史上真正的英雄（并非一些电视达人秀的获胜者）依旧是那些坚韧不拔的伟人，比如纳尔逊·曼德拉（Nelson Mandela）和圣雄甘地（Mahatma Gandhi），他们克服了非常的困境，这并非通过公开倾诉自己的内心而达成，而是靠真正的"逆来顺受"。人们依然保有着罗马伦理学家称为"崇高心智"（nobilitas animi）的情绪倾向，无论我们是否出身王室，这种颇有王室风范的尊严感深植于我们的潜意识中①。"这一代的英国人一如既往地坚强，"女王曾说道，在 2020 年新冠肺炎疫情发生之初，她曾这样安抚自己的臣民，"自律和逆来顺受的坚忍……依然是这个国家的国民特质。"

戴安娜王妃去世一年后所进行的民意调查为我们提供了一个有意思的观察角度。尽管在媒体炒作下，英国人们似乎纷纷抛弃了隐忍克制的束缚，转而拥抱了内心那个敏感脆弱的自己，而有 50% 的受访民众认为人们的反应极其过激，超过 70% 的民众则指责媒体在整个事件中起到了推波助澜的作用。大部分人们在回顾整个事件时，让他们油然产生民族自豪感的，并不是艾尔顿·约翰（Elton John）对《风中之烛》这首歌的夸张演绎，也不是斯宾塞伯爵那充满指责的悼词，而是一种天生的优秀品质。聚在一起泪眼婆娑的民众迫切需要看到的，正是威廉王子和哈里王子在极度悲痛下所显示的定力。

---

① 经典例证：鲁德亚德·吉卜林（Rudyard Kipling）所作的《如果》一诗就极度饱含着斯多葛主义所推崇的思想，如今其依然常被英国评为位列第一的诗篇（这首诗也是玛丽王后的最爱）。同样，1945 年上映的英国电影《相见恨晚》讲述了一个赞颂情感克制的爱情故事，这部电影在 2013 年依旧被称为影史上最浪漫的电影。

法则十四：王位虽大，却容不下消极

别那么悲观主义，亲爱的。中产阶级才这样。

——《唐顿庄园》中的角色格兰瑟姆太伯爵夫人

上帝一定是在不粘锅厂造出的王太后。其他温莎王室成员的丑闻就像钙化奶酪一样紧紧贴着他们不放，但对王太后来说，有关她的丑闻就像碎屑一般，能被轻松拍打掉。她是英国可亲的国民祖母，却像一个刚从产房被抱出来的新生儿一样，没有背负任何争议。这帮牙尖嘴利的媒体为了把故事卖出个好价钱，甚至都可以给自己的祖母铐上手铐，而王太后则是独一份能不受他们影响的人。

只要提到王太后那最具标志性的独特心态，一切就都不一样了。媒体会翻起白眼，露出他们之前藏好的尖爪。他们说，王太后是王室中盲目乐观的人。她待在一个乐观的缓冲泡泡里，在谈起生活时，就仿佛她是活在 P.G. 沃德豪斯（P. G. Wodehouse）的小说里一般，也就是最终一切都会变得"妥了，老兄，我说"！她远离了潮流，也远离了尘嚣——称得上是个真正的"王室鸵鸟"，完全无视了消极情绪，就像根本没这回事一样。

这样一来，悲观主义者们大为光火，甚至连传记作家克雷格·布朗在谈到她只"追求快乐"时，也不忘小小地抨击一下。他承认，王太后也许已经达到了"永远的容光焕发"，但她之所以能这样，"是因为她将一切不愉快的事情都挡在了外面"。批评王太后的人们显然是犯了常见的目光短浅这个毛病，只见树木，不见森林。他们忙于嘲笑这只王室鸵鸟所逃避的事情，却没能看到她从中所得到的一切。

实际上，对于王太后来说，她之所以要保持乐观，完全是出于必须。尽管王太后一般是洋溢着快乐的，但她有着十分明显的焦虑倾向，这在受到情绪冲击后尤为严重，甚至会让她陷入深度抑郁中。

1936 年，爱德华八世的退位风波让她因为所谓的"感冒"（实际是心理感冒）而卧床不起。她曾自述，这样的创伤让她"在幻灭的黑暗中不停摸索"，最后"被悲痛所席卷"。她曾对一位好友说，这让她"十分沮丧，万分痛苦"。那段时间不长，但也惹人担忧，其间，她几乎完全没有履行自己的王室职责。作为新任国王的王后，她不能再让这样避世的情况发生。就像在她之前的维多利亚女王一样，她知道，整个国家会毫无保留地接纳王后，但就是不能允许王后显露出丝毫软弱。她意识到，这种负面情绪像"吸血鬼"一般消耗着她的心智，"吸干了生命中的所有快乐"，于是她开始让自己的情绪变得无比积极，这在日后成了她的特质。

这样的乐观表现是可以感染他人的。在她访问被战争摧残的地区，艰难穿过闪电战留下的一地瓦砾时，她总是有着无畏的乐观，脸上永远挂着微笑，不知疲倦地鼓励人们："让旗帜永不倒。加油！"这让她在绝望的困境中成为英国众志成城、不屈不挠的象征。王太后特别能振奋自由世界的士气，据说，希特勒还因此愤愤地称她为"全欧洲最危险的女人"。对于一个自称"特别胆小"的人来说，她完全不曾设想到自己还能发挥这一作用。她发现，每个人都会在负面压力下一蹶不振，"比起克制、增益、理性思考，人们更倾向于叫喊、摧毁和批判"。她已经蜕变成了不同以往的新型英国王室成员，无论是国王还是王后，都放弃了他们来之不易的王室权威，转而注重起仁慈、同理心的"软影响力"，一心向善。用马丁·查特里斯的话说，王太后现在就是"一心制造快乐"。王太后不仅仅接受了制造快乐的职责，而是将其内化于心了。

传记作家伊丽莎白·朗福德写道："王太后有着极其热爱生活的天性，在生活抛出的难题面前，她不会进行苦思冥想，也不会将本应快乐的时光浪费在剖析困境上，在她的人格魅力和同理心的加持下，所有的难题都会迎刃而解。"就连当初退位风波所残留的影响也很少会再度抬头。她完全有权喋喋不休地声讨温莎公爵和温莎公爵夫人，他们当初自私地将这"难以承受的荣幸"塞到了王太后一家人的手上，但她最亲近的外甥女兼宫廷女侍玛格丽特·罗兹回忆称："这么多年来我一直陪伴着我的姨母，但我一次都没有听到她说过他们任何的坏话。"

随着年龄的增长，王太后的乐观态度也不降反升。她的所有反应都透露着一种温和。在20世纪90年代，爱尔兰共和军所进行的炸弹恐怖袭击将英国王室成员们列为头号目标。即便是这样，她的态度依然不温不火。她对这些疯狂的炸弹客们最为激烈的批判也只不过是"哦，他们可太没规矩了，头脑太不清楚了"。在一些人看来，在面对险境时还能保持如此令人震惊的淡定，更加固化了她的"鸵鸟"形象。而在另外一些人看来，这更加体现了她镇定的"国母"形象，有着抚慰人心的作用。科林·伯吉斯少校在20世纪90年代时曾作为王太后的侍从武官服侍其左右，他持后者的观点。他说："王太后总让我想起电影《现代启示录》中的上校，他独自一人穿行沙滩之上，而周围则爆炸声四起。"毫无疑问，她将这一有用的智慧传授给了自己的女儿。

伊丽莎白二世女王没有（也不能）像她母亲一样，完全把头埋在正能量的沙堆里，女王的工作面对着一系列难以忽略的麻烦事，但她还是尽可能地选择做"鸵鸟"①。和母亲一样，伊丽莎白二世"可以娴熟地无视危险的问题，或者避开'不明智'的话题"，安德鲁·玛尔这样说。女王发自内心地讨厌与人对峙，如果有哪位家庭成员或职员让她感到失望，在能够避免的情况下，她会选择沉默，而不是让情绪爆发。她所表露过的最凶的话语，据说也只不过是一句柔和的"好吧，这事做得可是有点欠考虑了"。她并不觉得对旁人倒苦水能让她得到快乐或宽慰，还是更倾向用自己"王室鸵鸟"那一招："我发现，我经常可以让不愉快的事情远离我的思绪。"伊丽莎白二世曾这样对朋友说。

从哲学角度来讲，这听起来似乎是对弗朗西丝·霍奇森·伯内特（Frances Hodgson Burnett）的《小公主》一书中幻想片段的幼稚抄袭。"当事情变得糟糕，糟糕到不行时，"永远保持乐观的萨拉·克鲁（Sara Crewe）说，"我会苦思冥想自己作为公主可以做些什么。我会对自己说：'我是一个公主，并且我是个仙子公主，既然我是仙子，那么就没有什么事情能伤害我或让我不自在了。'"确实很妙，但对于我们其他人来说，则显得过于异想天开，不是吗？甚至是绝对危险的。

一直以来，我们学到的都是审视消极的感受利于我们宣泄，益于自我呵护，毫无疑问是种健康的方式（如果是在心理学专业人士的"辅导"下，就更是如此），但压抑或控制令人心神不安的想法，甚至将其"闷在心里"，则稍不留神就会让我们变得精神失常，落得个在疯人院的下场。所以，尽管我们在唱《天佑女王》时会祝愿女王"快乐和辉煌"，但在现代社会里，

---

① 特别凑巧和具有象征意味的是，女王的嘉德勋章礼服所配套的都铎帽中，正好带有鸵鸟的羽毛，而这套礼服也是女王最具历史意义的礼服。

我们从心理学角度对此产生了些许质疑。也许释放一些对宫廷生活的厌倦和积怨（最好是冲梅根和哈里王子释放）对女王也有好处呢？不管怎么说，这都应该不会有坏处吧？而事实证明，如此做的负面影响是极大的。

*

一项有关负能量、复原力以及神经学的最新研究显示，并不是所有人都认为，每周在心理医生的办公室大哭一场能让人得到释放。而几乎被所有人都接受的宗旨——"毫无保留地袒露心绪对心理健康至关重要"，也被证明是错的。精神科医生萨莉·萨特尔（Sally Satel）和哲学家克里斯蒂娜·霍夫·萨默斯（Christina Hoff Sommers）如此肯定道。他们最近合作研究了当代心理学通识的各个误区。他们认为："对于很多人来说，过于关注内省和袒露内心实际是致人抑郁的。经历过失去和不幸的人们，其反应往往各不相同：心理干预对一些人来说是有益的，但大多数人都不能从中受益，心理治疗方面的专业人士也不应对他们进行强制矫正。在这方面，心理辅导师们可谓是大错特错了①。"

高强度回忆令人心碎的过往能让人头脑变得清醒，这样的承诺一般只是弗洛伊德式的空想罢了，并且这种观点十分狭隘。有研究表明，消极想法会急剧弱化大脑对情感世界的洞察。越是反复思考令人不安的念头，"我们的世界观就会变得越加扭曲和狭隘"。耶鲁大学心理学教授苏珊·诺伦－

① 莎拉·弗格森与心理学界名人菲尔博士所进行的一场谈话就体现了这一误区。莎拉平静地回忆起自己母亲是在1998年的一场车祸中丧生的，但她的这种平静让菲尔博士感觉不对劲，她觉得莎拉显得太过镇静，让人无从安慰。他说："你的母亲死于一场十分可怕的事故，但你的描述方式却像在饭店点午餐一样毫无波澜。"但事实是，这件惨剧已经过去了10年之久，莎拉有理由相信自己已经从中走出来了。菲尔博士则当场称她为"情感干涸"。

霍克西玛（Susan Nolen-Hoeksema）这样说。过于内省和过度分析我们的悲伤，只会让我们变得更加悲伤，她解释道。这让大脑"更易接触到悲伤的想法和回忆"，让我们"更倾向带着悲观主义色彩看待过去和未来的事情"。如此一来，心理调适就变得更加困难，而非简单。她还提醒道："这会让人坠入无望、自我厌恶、无力行动的深渊。"

因为婴儿猝死综合征而去世的患儿，其父母受事件影响而受到的心理冲击得到了相应研究，而研究结果则有力驳斥了话疗有益宣泄情绪这一常见误区。事情发生一年半之后，那些有意遵照现代悲伤疗法的患儿父母们，他们曾努力回想了自己失去亲人的经历，还有意将其合理化，但另一些人并没有试图用心理疗法撑过这场悲剧，而是靠自己自然而然地进行消化。对比起来，前者比后者更为脆弱。在针对因为各种原因而悲伤不已的人群进行研究后，都出现了类似的研究结果，研究对象包括受到家暴的女性、大屠杀幸存者、艾滋病患者遗属。看来，王太后那充满斯多葛主义的猜想——"多说无益"，确实有着大量科学依据做支撑。

1981年，伊丽莎白二世在侧身骑马参加英国皇家军队阅兵仪式时，有子弹向她射来，但她经典的"平稳身姿"几乎都没有摇晃一下。当晚，爱德华王子从学校致电女王，但她觉得没有必要重提自己的感受。女王甚至对此一句未提。女王只想向前看，在脑海中重复白天的恐惧和混乱只会帮倒忙，正如王太后经常所说的那样，那是"毫无用处"的。而这很容易被人们曲解为拒绝接受现实或延迟悲伤，但实际上，心理学家们将其更准确地描述为"有意抑制情绪的人"。相比那些沉思默想的人（即重复回想痛苦经历的人），有意抑制情绪的人似乎打破了所有当代心理学认知的规则。他们几乎不会花时间讨论消极事件，甚至连提都不会提，而是会将这转瞬即逝的不愉快念头换成更积极的想法。研究发现，比起沉思默想的人，有意抑制情绪的人更受伙伴们的欢迎，解决问题的能力更强，有着更健康的自我认知，而非心理失调或与现实脱节①。与之类似，有研究发现，相较那些心脏病发作的严重程度相似，但却没有刻意压制自身情绪的人来说，那些不去刻意回想自己心脏病发经历的患者，在数月之后的心理状况更好，焦虑感更少。

"就像不小心磕到自己的孩子一样，我们必须学会免于沉溺于伤痛，免于浪费时间哭泣的方法，" 2000 多年前，柏拉图在《理想国》一书中这样指导人们，"要训练我们的心智，将悲伤驱逐出脑海，以便从伤痛中恢复过来……尽快恢复过来。"

*

在过去的 60 载中，女王每年都会展现她抑制情绪的哲思。在过去的一年中，无论整个国家多么动荡，她个人经历了多少风波，女王的圣诞节致辞几乎不会触及负面消息。在 20 世纪 70 年代，伊丽莎白二世经历了 4 位家族成员的相继离世，玛格丽特公主与斯诺登伯爵的婚姻惨淡收场，但她从未向臣民们提及自己的伤痛，而是选择挑出好消息来讲。1974 年对整个英国来说是极其阴暗的一年，但伊丽莎白二世在当年年末评论道："也许我们太过于关注困境，太少关注美好。"但这就是"绝望的问题所在"，

---

① 一组心理学研究人员在题为《压制情绪可以增强适应能力吗？》这一报告中总结道："压抑情绪的人们，其情绪更加稳定。"研究中，他们将中学生们按照心理调节方式分为三组：克制不安想法的情绪抑制者们、十分关注自身情绪状态的敏感者们，以及处于两者之间的人们。情绪抑制者们均得到了伙伴和老师们的好评，他们的学业能力和社交能力均高于其余两组。此外，情绪抑制者们也被评估为受挫能力更强，自尊心更强。

女王说，她给出了极其精妙的看法，"绝望……会产生绝望，而抑郁会导致更深的抑郁"。

尽管我们认为，最聪明的那些人会"暴露于"对生命更为糟糕的感受中，但过于自省"则等同于不断揭开自己的心理创伤"，哲学教授威廉·B.欧文这样说。这样做"会延缓自然的愈合过程"，有时还会让伤口永久不能愈合。戴安娜王妃所经历的情绪崩溃为我们起到了警示作用。她天生就是一个沉湎于过往的人，受到 20 世纪所流行的"感受治疗法"这一伪哲学的驱动，她花费了好几年的时间（以及不少的金钱）辗转于一场接一场让她泪流满面的心理治疗。她在私下里已经沉迷于翻看过往的悲伤记忆，她换过许多心理治疗师，尝试过荣格式梦的解析疗法，也尝试过催眠疗法，想象自己的焦虑"被扔到烟囱里烧毁"，此外，还曾有心理治疗师让她通过捶打沙包来发泄怒火①。她甚至尝试过灌肠（基本就是在屁股上插一个湿漉漉的真空泵），希望这能让她"清除体内的怒气"。但这些治疗手段都没有达到其所承诺的目的，没有在心理调节上起到突破，也没有让她获得自我实现的自由。戴安娜王妃"直到临死前，依然像我与她初次见面交谈时一样无法自持"，她的朋友理查德·凯（Richard Kay）这样说。

"我最后才发现，心理治疗对我来说毫无意义。"戴安娜王妃在她离世的几个月前曾这样承认道。当她发现这样的治疗方式让她永远处于情感脆弱的恶性循环中后，幡然抨击起这种方式。"当你表现出脆弱时，每个

---

① 在 50 多年前，人们已经意识到，宣泄愤怒、"泄愤"治疗，或是简单的"发泄"都会起到反作用，这一般会增加怒气，而非减少愤怒感。1959 年，心理学家 R. 霍恩伯格（R. Hornberger）就已经观察到，比起控制自己沮丧情绪的人来说，当人们得到允许来"释放"自己的沮丧情绪后（这次是通过敲钉子），他们反而会变得更加激动。约 10 年后，美国心理学家协会主席阿尔伯特·班杜拉（Albert Bandura）呼吁全面禁止"泄愤"这种所谓的心理治疗形式。

人都知道该如何对待你，"她说，"但当你表露出一丝坚强的迹象后，他们反而会觉得有些胆怯，然后试图逼你回到脆弱的状态。"而到那时，一切已经为时已晚了。

为戴安娜王妃撰写传记的作家萨利·比德尔·史密斯解释道，彼时的戴安娜王妃已经完全受制于"情绪上的血友病"，完全无法让自己的消极情绪凝结成块。即便是最细小的心灵创伤也会让她哭个不停，甚至有一次，她将自己关在浴室内，年幼的威廉王子不得不透过门缝为她递纸巾。这个不幸的例子证明了，消极情绪确实会让人变得狭隘。在她去世的 3 年之前，戴安娜王妃曾参加过集体心理治疗，当时就可以看出，消极情绪几乎吞噬了她整个人。人们劝她将注意力放到过去一周内所发生的"积极的事情"上，但她却丝毫想不出来任何积极的事。

像伊丽莎白二世这样复原力强的人之所以能从悲惨事件中走出来，而像戴安娜这样的人之所以会精神崩溃，据心理学家兼悲伤情绪专家露西·霍恩（Lucy Hone）观察，这两类人的区别很大，但背后原因却很简单。"复原力强的人们一般会认真选择自己的关注点"，并会"不断有意接收自己内心世界里的正能量"。据霍恩观察，这种在不同境遇下寻找积极一面的习惯（被心理学家称为"益处发现"）正是"他们能尽快复原的秘诀"之一。鉴于她自身就曾经历过人生悲剧（车祸导致她 12 岁大的女儿不幸离世），霍恩称，发现这一至关重要的技能，让她能接收"正能量"，降低消极感，从而拯救其于"最黑暗的人生阶段"。她意识到了一个意义重大的关键问题：沉溺于这样的负面想法和行为中，"究竟是对我有益，还是对我有害"？这称得上是自我关爱的终极问题了，而且听起来也像极了王太后那拒绝参与"毫无益处"话题讨论的行为。

话说回来，莎拉·弗格森在找到屏蔽负能量的方法前，经历了一场极其迂回的旅程，迂回程度简直无人能及。在对自己说完"思想解放也能让肠道跟着解放"这有些令人尴尬的建议后，她在地球另一边找到了心理调适的方法，但这个方法在她当初嫁给安德鲁王子之后，而她明明可以在白金汉宫与他们只有几间屋子之隔的女王那里得到。在《寻找莎拉：公爵夫人寻找自我之旅》一书中，她叙述起自己在艰难度过丑闻满天飞的一年后，精神几近崩溃，于是踏上了去往泰国的旅程，在那里，她拜倒在了一位印度古鲁脚下。这个古鲁给出的发人深省的建议是什么呢？就是放下"脑子里喋喋不休的负面想法"。具体来讲，要在脑海里将负面想法想象成在空中飘浮的"便便气球"（这可不是我编的）。"没错，"这位古鲁坚持道，"把这些想法都当作盛满了便便的气球。它们飘浮在你的头上。如果你抓着它们不放，指甲会将它们戳破，弄得自己浑身都是便便。要对它们放手，看着它们远离自己的视线。正所谓，眼不见，心不烦①。"

可怜的莎拉。要是她在很早之前能多留心一下温莎古堡情绪管控大师们所说的话，本可以省下这张机票（也不必想象那数不胜数的便便气球了）。实际上，莎拉没有听到马丁·查特里斯生存法则的第一条，每次温莎古堡进来新员工后，他总是会奉上这条无价的建议："别忘了，你来这儿是为了制造快乐的。"实话实说，要是忘记了这一点，才是真的逃避现实。

---

① 《一辈子做女孩》的作者伊丽莎白·吉尔伯特（Elizabeth Gilbert）也是在飞往第三世界的某个国家后，才发现了自己内心的那只鸵鸟。在那之前，她在面对"巨大的悲伤"时，总会"通过流泪安慰自己"，但这使她变得更加脆弱。她在印度进行的短暂心灵之旅，让她找到了更好的调适方式，就如她（更得体的）古鲁所说："不能给自己任何崩溃的机会，因为在一次崩溃之后，这就会成为一种惯性，从而导致崩溃不断发生。相反，你应该学习如何保持坚强。"在这之后，吉尔伯特"每天会重复700多遍"压抑情绪的箴言："我的心中再无负面想法。"

法则十五：王权无"我"

　　她必须位于无上的位置……我很确定这点——她要在这充满胡言乱语、焦躁不安的世界里，保持平静和智慧的形象。

　　　　　　　　　　　　——关于伊丽莎白二世女王的位置，王太后如是说

　　每天早上，有一件事情是女王必做的，但换一个脸皮稍微薄一点的人，不仅整个早上都没好心情，很可能接下来的整整一个月都会难过。每天早上，除了《赛马邮报》是纯粹用来消遣的，女王的餐桌旁会摆满各种各样的英国报刊，连小报都不放过。这是女王履行职责的方式，她需要时刻关注舆论风向，但这样一来，难免会让人失了胃口。新闻头条一般都充斥着让人不禁胃痛的消息，指责女王的过错、批评女王家人的过错，还有首相不敢告诉女王的坏消息，甚至有些纯粹是某些无良记者编出来的故事①。

　　大部分时候，女王的餐桌上会摆满各色茶饮、多种吐司，还有不同的坏新闻。就连菲利普亲王这样"厚脸皮"的人也无法消化这些消息。"我

---

　　① 有传言说，在20世纪80年代初期，白金汉宫的新闻办公室曾试图整理有关王室成员不实报道的日报。但这一计划很快就被放弃，王室历史学家威廉·肖克罗斯曾写道："毫无疑问，这'耗费了太多时间'，也占用了太多空间。"

不看小报消息，"他曾经坦言道，"我只会拿起一份匆匆扫一眼。我觉得一份已经足够了。我没法消化这些消息。但是女王却要读遍所有她能拿到手的消息！"作为情绪上的鸵鸟，伊丽莎白二世的这一举动有些不太寻常。而更不寻常的是，媒体的穷追不舍并没有影响到她的情绪。

女王还是个婴儿的时候，媒体就对她关注有加：《时代周刊》在1929年就将女王的照片搬上了杂志封面，让她在年仅3岁时就成为国际巨星。那个时候，游客们会透过公园的围栏张望，等着她和保姆在午后逛公园，好一睹这个小公主的芳容。但这都比不上女王在20多岁时所受到的追捧和关注。全世界的人"都喜欢她……她和戴安娜王妃一样受追捧，甚至更甚于后者，"传记作家贾尔斯·布伦迪斯这样写道，"20世纪40年代末期和50年代初期，无论在英国还是法国，在全世界任何一个国家，都有数千人或成千上万的人们，有时有几十万人拥护着女王。"但不可思议的是，伊丽莎白二世"并没有将这放在心上"。

很久以前，女王性格中自恋的一面就被拔除了。在她7岁时，依然对王室权限懵懵懂懂。有一次，内廷官务大臣向伊丽莎白二世问好，随口而出的是"早上好，小小姐"。伊丽莎白二世当时可能真的有被冒犯到，又或者只是想指出他对自己的称谓错误，于是她傲慢自大地回复道："我可不是什么小小姐。我是伊丽莎白二世公主！"但不巧的是，这句话正好被玛丽王后听到了，玛丽王后赶紧领着她一脸抱歉的孙女到内廷官务大臣的办公室去赔不是。玛丽王后开口说道："这位是伊丽莎白二世公主，希望有朝一日她可以成为淑女。"这之后，伊丽莎白二世再也没有犯过盛气凌人的毛病。

英国是全欧洲历史最悠久的君主制国家之一，尽管伊丽莎白二世是这古老王位的继承人，但她对自身人气的不在意可谓令人称赞，这点要比玛格丽特公主强太多了。有一次，玛格丽特公主和伊丽莎白二世在筹措自己在温莎古堡的圣诞节童话剧演出，玛格丽特公主想要在票价上狮子大开口，而伊丽莎白二世则着实感到困惑不解："哦，你怎么能要出 7 先令 6 便士这样高的价钱呢？没人会花那么多钱来看我们表演的！"但玛格丽特公主则瞅准了用王室身份发财的好机会。"怎么会！"她说，"为了看我们表演，花多少钱他们都愿意。"要是玛格丽特公主当初坐上了宝座，她这个女王肯定和伊丽莎白二世不一样。最终，英国还是迎来了史上最不自恋的君王。

"伊丽莎白二世女王可谓是世上最有名的女人，但她对名望从不感兴趣。"新闻工作者露西·德雷珀（Lucy Draper）这样说。伊丽莎白二世女王丝毫没有欲望观看电影《女王》中的那个"自己"（由海伦·米伦出演）。

菲利普亲王说，尽管他和伊丽莎白二世很容易做到"哗众取宠"，但他们两个都"有意不那样做"。他们见过了身边太多自以为是却最终不得不面对现实的例子。之所以最后坐在王位上的是伊丽莎白二世，而不是她的伯父爱德华八世，就是因为后者太过自恋，盲目高估了自己的受欢迎程度。他将自己的名流婚姻放在第一位，从而永远失去了自己的家人、英国政府以及臣民们对他的尊重，没有人会拥护一个这样自私的国王。

*

正如彼得·康拉德在其对那喀索斯神话的研究中称："注视自己的时间越长，就会愈发觉得眼前的那个不是自己。"

"唯我的一代"绝对没有预想到这一点，这也不符合当代以自我为中心的风气。在这样的风气下，极其自我的卡戴珊姐妹们却获得了超乎想象的财富，普通民众竞相求关注，"分享"了所有可分享的生活，我们最常见的拍照方式也成为"自拍"，即便有时相框中难免会出现其他人。

实际上，根据亚伯拉罕·马斯洛（Abraham Maslow）的经典心理学概念"需求层次论"（这催生了唯我的一代），这些行为都在预料之中。在这一理论中，个人对本真的追求超越了基本的需求层级，比如爱与自尊，达到了"自我实现"的层级，也就是人类满足感的最高点。换句话说，根据人本主义心理学奠基人马斯洛的说法，越关注自身就越使人快乐。

莎拉·弗格森也已经融入了这完全以自我为中心的新世界。有一段时间，莎拉保持心态的秘诀就是不断重复"我超乎想象地爱自己，我也被大家所爱……一天重复25次。"但大多数人都没有注意到的是，亚伯拉罕·马斯洛在晚年改变了自己的想法。受到维克多·弗兰克尔等人更透彻的思考所影响，即过度的自我关注最终将导致自我伤害，马斯洛相应调整了自己的理论。他说："在最理想的情况下，得到全方位发展的人（幸运儿）一般有着超越自身的价值追求。"马斯洛将这些幸运儿们称为"超然物外者"，实际上，这些人与女王十分相似。

*

伊丽莎白二世在位期间一直保持了超然物外的态度。她一直是"谦逊的典范"，政评家安德鲁·玛尔写道。在这个将"我行我素"奉为"人类至善"的社会中尤为如此。伊丽莎白二世一直是"戴安娜王妃的反义词"，一位前侍臣这样说："她是你见过的最不自恋的人。她觉得关于自己没有什么好说的。"

即便在语法方面，女王也更喜欢用非人称代词"其"，而不是有着自我指向的"我"或"自己"。就好像她是在更为抽离的有利位置观察生活一样，也就是由外而内的视角①。伊丽莎白二世不得不夸耀一下自己时，这一表现就更为明显，比如在说起自己与首相们的每周会谈时，她要显示自己一直以来的格外谨慎，她说道："首相们都知道其是公正的……可以将其想象成一种海绵，任何人都可以与其商谈。"

可以说，伊丽莎白二世正是践行了哲学家皮埃尔·阿多（Pierre Hadot）曾称为"居高临下的视角"这一生活方式，这与马斯洛所改善前的"需求层次论"正好相反。当时，斯多葛主义的哲学家们普遍认同这一生活方式，即越是能抽离自身看问题，就越能以旁观者的视角看待每天所发生的一切，就像从高高在上的位置上俯视一切一样。这样一来，易于让人以更合理的方式看待问题，处理紧张情绪。

坚忍的罗马皇帝马可·奥勒留（Marcus Aurelius）发现，他一般在想象自己是在平静的外太空俯视问题，从中抽离出来后，日常中因名气而产生的负担、军事冲突、统治反叛中的帝国，这些问题他都能思考清楚了②。"就像在半空中看着环绕的星星一样，"他建议道，"这样的视角可以洗净尘世生活的繁杂。"众所周知，王太后对此了如指掌。她不会将他

---

① 与之密切相关的是"王权的复数"，或者说是"王室的我们"，这是君主以第三人称进行自称的特权，在伊丽莎白一世使用之前就存在，并在维多利亚女王说出那句"我们不觉得有趣"之后变得不朽。直到今天，作为象征性的一国之主，女王依旧用得到这一复数的称谓。但遗憾的是，除了女王，任何人要是这样称呼自己，一定会被当作疯子。就拿撒切尔夫人来说，她就像在无意间透露了自己的王室幻想一般，当她的第一个外孙出生后，她居然宣布"我们成为祖母啦"，这着实让大众大跌眼镜。

② 凑巧的是，被用于英国加冕仪式的王权宝球，其象征意义之一就在此。金质宝球代表了来自宇宙层级"居高临下的视角"，世间每一位称职的君主都应有这一视角，提醒着君主，其本身是"高于政治的一道光"，哲学家罗杰·斯克鲁顿（Roger Scruton）这样说，"从更为平静且尊贵的层次照射在尘嚣之上。"为了避免混淆，需要指出的是，这可与波利娜公主"居高临下的视角"不同，波利娜公主是拿破仑·波拿巴（Napoleon Bonaparte）极度傲慢自大的妹妹，她时不时会将自己的仆人当作脚蹬来用，我真的没有开玩笑。

人的怠慢记在心里，也不会将事情太放在心上，王太后一直要达到的是一种"平和的抽离感"，科林·伯吉斯少校这样说。"如果确实有事情让她不安，"他回忆道，"也从不会听到她说：'哦，我好难过'。"她反而会用非人称类修饰语，说"这不是糟了嘛"。她在谈到自己的厌烦和沮丧情绪时也是一样，她会说："哦，这不是太烦人了吗？"一般会特别注意避开使用会起到内化作用的"自己"或"我"。伯吉斯少校发现，"她会带着抽离感看待几乎所有事情"。

*

科学取得了巨大的进展，开始重视起"自我疏离"的益处。可以看到，不以自我为中心想问题，这才是保持思维清晰的最简单方式。针对哥伦比亚大学刚刚经历过情绪挫折的学生们的一项研究率先证明了这点。这项研究征集了刚经历过严重的人际关系问题的学生，这些学生感到"无法压制的愤怒和对他人的敌意"，研究者们让其中一半的学生从自己的视角回忆整个事件，从内心"自我沉浸式"的角度寻找如此感受的原因，另一半的学生也要回忆整个事件，但要以"趴在墙上的苍蝇的视角"进行回忆。

两组实验对象最后的结果大相径庭。自我沉浸式回忆的那组好像重新经历了伤痛一般。仿佛事情就发生在昨天一样，他们觉得愤怒和受伤。但是，以墙上的苍蝇的视角回顾整个事件的人们则完全改变了自我看法。后者抽离自身的视角，让头脑变得清晰，也得到了情感宽慰，他们明白了令人受伤的经历为何会发生，也更能理解自身和其他相关者的行为。随后的一系列研究则显示了更多内容。研究发现，自我疏离的人们血压较低，在解决问题时也有更加建设性的策略，同时，其也更易适应消极环境①。

无论你喜不喜欢卡米拉，她之所以能撑过媒体对她的猛攻，全靠自我疏离。她曾被称为"邪恶的卡米拉"，人们将她视为打破戴安娜王妃和查尔斯王子童话般爱情的罪魁祸首。而既能忍受被贴上"全英国最令人讨厌的女人"这一标签，还能在几年之后成为众人尊重的公爵夫人，没有几个人能像她一样做到这一点。她之所以能成功做到这点，是因为她从不放在心上。她说："从小到大，我接受的教育都是要从容面对生活，而不是坐在角落里哭哭啼啼。"在戴安娜王妃极力要摧毁她的形象之时，卡米拉只是用幽默的自贬见招拆招。知道了戴安娜王妃对她的黑称之后，卡米拉在接电话的时候都会说"我是罗威纳犬"。又或者，看到小报又登出了自己的丑照，她也只会打个哈欠说："不就还是13层下巴。"她的这些反应和伊丽莎白二世女王如出一辙。女王一直都知道自己有时不上相，她正常的表情看起来就像个皱眉的木偶，"她自己把这比作卡通形象猪小姐皮吉"，安德鲁·玛尔说。但她并没有因为这而感到痛苦，反而决定用一种客观的视角来欣赏其中的幽默。

当女王终于找到时间在电视上重温1981年查尔斯王子和戴安娜王妃那场奢华的婚礼时，她看到自己在前排无意识地显露出了怒容。她笑着说："哦，菲利普，快看！我那种猪小姐皮吉的表情又出来了！"这完美证实了艾丽丝·默多克那种达观的直觉："幸福就是每天有意进行忙碌、生龙活虎，不过分关注自我。"

---

① 自我疏离已经成为认知行为治疗（CBT）的最大特点，这一疗法称得上是对抗重度抑郁和焦虑症的有效治疗手段。采用认知行为治疗的心理治疗师们会帮助患者疏离自我感情，从而让患者明白，他们所无法自拔的一些想法只不过是他们个人对现实的理解（一般是对现实的曲解）。心理学家沃尔特·米歇尔说："绝对真相的揭露方式不止一种。"

法则十六：想哭时就大声笑出来

哦，快看啊，玛格丽特着火了！

——玛格丽特公主在晚宴上不小心让头发扫到了蜡烛，
伊丽莎白二世如是说，还带着一丝笑意

臭臭草是一种长在苏格兰的顽强杂草，巴尔莫勒尔堡周围常见此类杂草，每当王室又有糟糕的事情发生，女王就会大把大把地拔草。在一些人看来，在遇到那些被女王称为"皇冠变得无法承受之重"的时候，除草就成了她唯一的解压方式。在那些众所周知的英国多灾多祸之年背后，女王会默默承受无数糟糕的一天。不过，除了拔花园里的杂草，女王还有其他策略。具体来讲，女王有两种从王室烦心事中恢复情绪的有效策略，每当她在生活中遇到糟心事，她都会用这两种方式应对。首先就是她最爱的方式：用幽默化解。

英国王室历来将滑稽幽默作为调适方式。这种滑稽幽默会由宫廷喜剧演员，或可称为国王的"弄臣"表现出来，从而为君主的生活注入一丝轻松，君主们对这一点格外重视，甚至在中世纪后期专门为此设置了宫廷游艺总管部。每当宫廷出现了麻烦或丑闻，只有小丑敢在权贵面前讲出实情，但他们招牌式的幽默却一点都不高级。亨利二世的小丑们只能有三类表演——"跳跃、吹口哨、放屁"。即便如此，这些也是必不可少的。伊丽莎白一世的宫廷喜剧演员理查德·塔尔顿（Richard Tarlton）有着著名的滑稽套路，他会和女王的小狗假装决斗，据说这"治好了女王的忧郁症，比她所有的医生加在一起都管用"。

温莎王室至少在精神上保留了这项传统。他们每个人都是自己的宫廷小丑，出乎意料的情况发生时，他们学会了从中取乐。就拿1977年发生在温莎公园一个名为小雪山的山顶上的事故来说，女王本应点燃第一捧象征性的篝火，指示环绕不列颠群岛的一众灯塔逐一点亮，以此庆祝女王登基25周年。但是，女王还没来得及将篝火点燃，一个笨手笨脚的士兵不小心碰到了应急点火开关，意外导致了一连串技术上的小事故。

"女王陛下，所有可能出现的问题都出现了。"活动组织者说，已经做好了受到责骂的准备。但是，一个灿烂的笑容却出现在了女王的脸上。"哦，好着呢，真有趣！"女王答道。

在众目睽睽之下发现荒唐之处，然后在私下好好大笑一场，这有时"是他们确保自己不会发疯的唯一方式"，传记作家布莱恩·霍伊这样说："在面对一些荒唐事的时候，他们必须在外人面前装作一本正经，但是私底下他们会一笑置之。如果不笑一笑，恐怕他们只能大哭一场了。"这与赛涅卡（Seneca）在2000多年前所提出的哲理名言几乎一字不差："大笑，不停地大笑，这才是在面对让人流泪的事情时应有的反应①！"英国王室上下这种笑对一切的态度是如此的根深蒂固，一位曾在皇家游艇"不列颠尼亚"号上服役的军官说，之前，他只消问上两个面试问题，就能判断出其是否适合为王室服务，那就是："你是否有过犯罪记录？你是否有幽默感？如果对方在听到第一个问题后笑了，那就不用问第二个问题了。"

菲利普亲王就是如此毫不费力地捕获了女王的芳心。菲利普亲王从不端架子，他第一次去巴尔莫勒尔堡做客时，穿了一件苏格兰传统男士短褶裙，本想掩饰尴尬，但却做得太过火（这也成了他的特色）。菲利普亲王在国王面前假装行了屈膝礼，简直像得到了中世纪皇家小丑的真传。国王当时对此并没有表现出太多赞赏，但这显然逗乐了他未来的妻子，他这些临场发挥的风趣表现，日后会成为女王离不开的快乐源泉。在连着几日令人心力交瘁的出访过后，菲利普亲王会用各种恶作剧救女王于水火之中，他会设下带有机关的干果罐，还会戴上骇人的假獠牙在火车廊道上追赶女王。

对女王来说，在枯燥的日子里，菲利普亲王所抖的这些小机灵可谓是场及时雨，但不可否认，他有时会把宫廷"小丑"这个角色演得太过火了。他把自己这种喜剧人的特点尴尬地称为"失言的艺术"，也就是"经常不分场合地说错话"。菲利普亲王那有些失礼的妙语数量之多，冒犯类型之广，

---

① 像塞涅卡一样的斯多葛派哲学家们认为，幽默感是化解紧张的最快方式（斯多葛派哲学家们并非像现在人们所误解的那样一本正经和扫兴）。当小加图被公开羞辱后，幽默是助他保持镇静的强有力方式。有一次，一个名为伦图鲁斯（Lentulus）的爱高谈阔论的演说家朝他脸上吐了一口，小加图擦了擦口水，平静地回应道："不得不说啊，伦图鲁斯，谁说你不会用自己那张嘴的！"现在，认知行为心理治疗师们基本也应用了相同的技巧。针对那些饱受焦虑和负面念头折磨的患者，治疗师们会让他们进行想象，要是让达菲鸭或爱发先生这样滑稽的卡通人物说出他们脑海中最可怕的预想，会有怎样的效果。"虽然这听上去有些不靠谱，"心理学家乔纳森·海特（Jonathan Haidt）写道，"但这能迅速将焦虑或紧张的状况变得有趣。"

151

居然装满了一本本书，这些书专门用来记录精心挑选的"菲利普亲王金句"。比如，他有次会见歌手汤姆·琼斯（Tom Jones）时开口便问："你是用什么漱口的，鹅卵石吗？"在人们热衷于喝威士忌的苏格兰，他曾对一名驾驶教练发问："当地人喝酒喝个不停，你有什么办法让他们通过驾照测试？"他还曾对一个澳大利亚土著问道："你们还会扔长矛吗？"还有一个可能人尽皆知的故事，他在评论一个看上去装得十分糟糕的保险丝盒时说："就跟印第安人装的一样。"这也是他为数不多后续进行找补的失言瞬间，但依旧说错了话："我想说的是牛仔们。我把牛仔和印第安人搞混了①。"

这么多年来，女王可能用不着这么多的菲利普亲王金句，但要是完全没有这些金句，她也不会成为如今的女王。马丁·查特里斯说，菲利普亲王的幽默感"也算是为国效力了"，这极大地提振了女王的精神，减轻了她在面对社交生活时所承受的压力。"在聚会上常见的一幕是"，传记作家贾尔斯·布伦迪斯说，女王会"在一旁和人安静地聊天，而菲利普亲王则站在一小群人的中央，大声笑着，招待着客人，为他们讲一些趣事。在过去50多年来都是如此。女王会进行颇有思想的有趣对话……而菲利普亲王则让聚会永不冷场"。

更不用说，女王本身也控制不了自己的喜剧人倾向。菲利普亲王可以在众人面前妙语连珠，但女王"则在私下里十分风趣"，前坎特伯雷大主

---

① 这太有趣了，我们继续。他对开曼群岛的一位当地居民说："你们大多都是海盗的后代吧？"他对一群在中国学习的英国交换生们说："你们要是在这儿待的时间再长一些，恐怕眼睛都会变得又细又长"；他对一位穿着防弹衣的女警察说："你看起来就像个自杀式炸弹袭击者"；他在美国宇航局的一众员工面前谈到过往月球登陆任务时说："要我说，这可是种浪费钱的绝佳方式"；他对英国设计师斯蒂芬·贾奇（Stephen Judge）的小山羊胡调侃道："我说，你给自己设计的胡子可不怎么样，是不是？"

教罗恩·威廉姆斯（Rowan Williams）这样说。女王天生模仿能力过人，女王模仿的英国地方口音能让全家人捧腹大笑（她模仿的约克郡口音能让整个白金汉宫抖三抖）。不过女王最有特色的喜感则来自她简明扼要的一句话笑话。"看起来挺潮湿啊。"她在访问加拿大时游览尼亚加拉大瀑布途中这样说。而她在新西兰访问时，曾有示威者朝女王的方向扔鸡蛋以示抗议，她说："我还挺喜欢拿新西兰的鸡蛋做早餐的。"当泰国国王和王后要对英国进行国事访问时，她曾悄悄地幽默了一把："和乐队说一声，无论怎样都不要演奏《国王与我》的选段①。"

女王的幽默也就点到为止，但在表面之下，女王实际在默默地憋笑。"我曾见过女王笑出了眼泪。"她的一位亲戚说。所以，女王必须做出预防措施，尤其是在正式的场合，她会换上一副绷紧了嘴唇的表情，那副神情在一位内阁大臣看来"就像是朵愤怒的雷雨云"。但实际上，女王常常只是在憋笑而已。

在 20 世纪 60 年代，某次，有四位大臣不小心搞砸了他们和女王的初次会面，他们在屋子里跪错了地方，还笨手笨脚地弄掉了桌上的一本书，女王默默地捡起了书，看起来"一脸阴沉和愠怒"。之后，当他们的上级来向女王致歉时，却惊讶地发现女王一脸笑容，她坦白说道："你不知道，我差点笑场。"那个时候，他终于意识到，女王的默不作声只是她的实用策略，"当女王看上去怒不可遏的时候，其实她只是在努力憋笑而已"。

---

① 我最喜欢的一条是：2007 年，女王造访了位于美国弗吉尼亚州的詹姆斯敦定居点，女王看到了各种各样的考古发现，其中就有一把铁制的铲状小器具，之前是用来解决"严重便秘"问题的。女王赶紧叫来了自己的随行医生，她指着这个锈迹斑斑的小玩意儿说："你也应该备点儿像这样的东西！"

　　这就要说到女王的第二项应对方式：用沉默化解。全天下的母亲似乎都说过这样一条规矩：如果你没有什么好听的话可以说，那就干脆不要说话。在遵守着这项规定的人中，女王一定能获得最高分。不过，就女王的情况来说，不应说的话还包括任何与政治沾边，以及国内敏感或国际敏感的事情。新闻工作者黛博拉·奥尔（Deborah Orr）曾这样猜测道："女王在处理国务时所用的逻辑似乎和我参加法语的口语等级考试时是一样的，我们都打定了主意，说得越少，那么犯错的可能性也就越小。这是个不错的策略。"人们时常错把这当成了女王的腼腆，而实际上，这是女王实现超长时间待机的方略之一。

　　女王只是"沉默寡言"而已，并不是性格腼腆，为女王作传的作家伊丽莎白·朗福德这样坚持并指出了其中重要的不同："沉默寡言的背后，有着三缄其口的必要性。"在这个一切都被监听着的世界中，不知会有哪句话被曲解得失去了本意（就像梅根·马克尔一样），而有意地三缄其口则被一次次证明，可以最大限度地保护王室成员。百年前，玛丽王后将现代的温莎王室成员们领入了一个誓要保持缄默的时代，而其中的聪明人则一直坚持了下来①。

---

　　① 不知道玛丽王后在得知自己的生活智慧正好符合了圣雄甘地的建议后会做何感想，据说，圣雄甘地建议人们"言之无益，就莫开口"。玛丽王后并不喜欢圣雄甘地，却完全身体力行了他的箴言。这就要提到在1947年一件不太凑巧的事，当时玛丽王后正在查看伊丽莎白二世和菲利普亲王大婚的礼物，她偶然看到了圣雄甘地送来的一件非同寻常的礼物——他亲自织就的一片亚麻布。在玛丽王后看来，那看上去就像是一片他的遮羞布（搞不好还是用过的），以为他的品位太低级。然而，菲利普亲王则不这样认为，玛丽王后并没有在大庭广众之下与其争论，"她只是默默地让这事过去了"，当时的一位旁观者这样说。伊丽莎白·朗福德认为，玛丽王后打下了基础，"成就了英国王室经久不衰的应对尴尬局面的方式"：沉默。

伊丽莎白二世将沉默升华为了一种艺术形式，拿文化历史学家彼得·康拉德的话来说："她就是符号学的专家，是个能用表情说话的传播者。"仅用一个眼神、一个微妙的表情，就可以瞬间传达出她的喜悦或不屑。政客们和宫廷侍臣们都知道，在女王"冰冷的沉默"下，蕴含了范围很广的直接意思，安德鲁·玛尔这样说，包括了"'你现在可以退下了'的沉默，'我不同意'的沉默，以及明了的'你最好赶紧跑吧'这样的沉默"。

然后还有帕丁顿熊所称为的女王"目不转睛的凝视"，有些傻瓜在女王面前说了不合时宜或令人皱眉的话，就会得到这样的眼神，他们就等着被流放吧。曾经见识过女王这种凝视的人称："她从来不会争辩，只会直直地看着那个人。女王的嘴角不会耷拉下来。那不是一种带有敌意的表情，只是一种完全空白的表情，而这就足够令人崩溃了。"希腊前国王康斯坦丁二世认为，这种凝视是至关重要的"天赋"，"是年长的欧洲王室成员们所具备的一种能力，他们只消用一个眼神就能让对方知道自己失了分寸。伊丽莎白二世女王也有这种能力"。

女王很少会出现上述这种不悦的情况，而从整体上来讲，女王保持少言寡语的能力，以及她善于倾听而非滔滔不绝的能力（这在现代社会中简直罕见），从中受到慰藉的人远比受到冷遇的人多。英国的历届首相们尤为如此。对他们来说，在全英国上下找到这样一个能吐露真心话的人，一个不会将其对自身不利的话语公开的人，一个不会将谈话记录在案的人，一个没有别有用心的人，一个只会倾听和问出体贴话语的人，这是特别能放松心情的。有旁观者发现，温斯顿·丘吉尔在和女王进行私下会谈后会发出高兴的"咕噜声"。据传记作家安·莫罗（Ann Morrow）称，前英国首相詹姆斯·卡拉汉（James Callaghan）在和女王会谈后也会觉得"精神格外抖擞"。前英国首相约翰·梅杰（John Major）则将自己与女王每周的会面比作"在心理治疗师沙发"上的一场咨询。

在很大程度上，这是女王人际交往的精妙之处，在与普通民众进行对话时尤为如此。擅长倾听的人一般会极大地提升侃侃而谈者的自尊心。因此，和伊丽莎白二世刚刚交谈过的人们，他们会大加赞赏女王的个人魅力和毫不做作的诙谐感，而实际上，大多数的时间都是他们在说话。"这可以被称为一种被动获取成功的方式。"安德鲁·玛尔写道。但这种被动是有意为之的，也是经过精心设计的，其还补充道："换作一个激进且固执己见的君主，那在20世纪60年代，或在撒切尔夫人执政期间，抑或是在英国新工党意图参与中东战争的时期，那对其可谓是麻烦不断了。"

女王称自己的这种策略为"深思熟虑后的不作为"，借用了沃尔特·白芝浩（Walter Bagehot）在1867年为英国君主们所提出的颇具前瞻性的建议。"也许在大部分情况下，"他这样写道，"君主立宪制下的国王所能展现的终极智慧就是深思熟虑后的不作为。"换句话说，最聪明的反应一般不是公开摆出姿态，而是要充满耐心和克制。时间能平复一切，不管是下意识的反应、反击，抑或是无谓的解释都如此①。

英国广告业大师休·萨尔曼（Hugh Salmon）将这视为女王在位期间的最可取之处。"处于领导位置上的人们，"萨尔曼说，"也许应该少说多做。

---

① 斯多葛派哲学家们将这种策略称为"坚忍和克制"（sustine et abstine），英国的孩子们曾经都听过这个道理。"要记着那两个善良的熊，坚忍熊和克制熊（译者注：英文中这两词均和"熊"的英文"bear"有重叠部分）。"保姆们会这样劝说互相争斗的孩子们。现代斯多葛主义者瑞恩·霍利迪称，这一策略放在今天依然适用。"有时，我们需要……做出一些行动，"他说，"但我们也要看到，克制才是我们应该采取的最佳行动。有时，人们在生活中需要保持耐心，默默等待眼前的困难自行消失……有时，解决问题需要减少人为干预，而不是加强干预。"他还举例说，俄国人就精于使用这一策略，他们之所以能打败拿破仑和纳粹，"并不是靠顽守自己的国境线，他们选择后撤到俄国中部，转而让严冬对付自己的敌人"。

不用解释每一项决定背后的理由……无须讨好任何人。也不用进行说教。只要干好手头的工作，给自己设下最高的职业标准和个人标准，穷其一生遵照标准行事，与此同时，不要说太多。"要是全世界的名人和政客们也能够像女王一样多沉默一些，那该是个多么清静的世界。就像莎士比亚所说的那样，他们只是在"无事生非"。

第五章

女王的博爱法则

王冠在我心中，而非头顶。

——威廉·莎士比亚（William Shakespeare）

有相当多的英国民众脑海中时常会出现伊丽莎白二世女王，这种情况通常发生在晚上，就像圣诞老人到访一样。人们梦到女王的事情太过普遍，据说至少有 1/3 的英国人会时不时梦到女王。尽管梦境不同，但这些梦还是有着惊人的相似之处：女王一般会戴着王冠出现，还会与茶带点关系，做梦的人无一例外地会因为自己所显示出的学识而受到女王的赏识（不禁让王室成员们感叹怎么没有早点发现这个人才），并且每到和女王分别的时候，也就是做梦的人即将醒来的时候，他们都会感叹女王确实是个和蔼可亲的老奶奶。就连把自己私下里的梦境当真的疯子，最后也得出了相同的结论。

　　就比如那个闯入女王寝室，要求与女王在清晨对谈的人一样。1982 年，迈克尔·费根（Michael Fagan）犯下了这个鲁莽的特大错误，在结束了这场类似于挟持女王的闹剧后，他觉得女王"真是个非常温和的人"。在数百万人们的脑海里和心中，甚至在人们夜晚的梦乡里，伊丽莎白二世给人的印象都不亚于英明女王贝丝。

　　而对于一些人来说，女王和蔼可亲的这一面正是其最神秘，甚至是最不为人知的一面。女王不会表现得非常热情，她也不会在公众场合拥抱自己的朋友或亲属，从没有向他们抛过飞吻，在面对完全陌生的人时，则更不会如此。在戴安娜王妃看来，女王送出的"爱的抱抱"也太少了，要是女王能像她一样，时不时地抱一下素不相识的孩子，女王的支持率一定会飞涨①。但是，戴安娜王妃和所有像她一样有如此想法的人都没有看到真相，女王在还小时，就已经开始不停地默默做好事了。比如，女王曾用在战时分配给她的零花钱为一位伦敦东区的撤离者买了一双鞋；她主动把自己的芭蕾舞鞋送给了一个买不起舞鞋的女孩（只说这双鞋子是备用的，这样女孩就不会感到窘迫）；当曾在温莎古堡服役的士兵不幸牺牲后，女王也会第一时间为士兵母亲送上情真意切的悼念信，信里一定会谈到士兵生前那些令她难忘的事迹。"在她那个年纪"，在她有如此特权加身的情况下，英王乔治六世的私人秘书汤米·拉塞尔斯写道，"伊丽莎白二世能如此为他人设身处地地考虑，这样无私的品质在温莎王室成员间并不常见。"

不过，戴安娜王妃也没有说错。女王爱的方式的确有别于众人，女王没有将爱视为一种本能的感觉，而是将其化为了更为复杂的行动，为温莎王室、整个英国、王权和上帝做出了真正的贡献。女王的博爱是人们无法企及的，具体来说，要涉及超过 55 个国家。女王是许多国家的元首，其中就包括巴布亚新几内亚。在那里，伊丽莎白二世女王通常被尊称为"属于大家庭的母亲"。

女王知道自己何时应该打开心扉迎合大众，而更重要的是，女王也知

---

① 值得一提的是，梅根·马克尔很快就学会了戴安娜王妃施以拥抱和同情的招数，但媒体的反应却各有不同。梅根在与哈里王子宣布订婚之后仅仅三个月，新闻工作者简·莫伊尔（Jan Moir）就已经发现了问题："要是梅根能别这么卖力地显示自己深表忧心，不要一有机会就让自己美丽的双眼闪烁着同情，停下那种像女施主一样拍肩膀以示鼓励的行为，我觉得人们会对她多一些喜爱。"

道何时应将心门紧闭，从而保护自己。有时，爱也意味着要快刀斩乱麻，女王去除对自身的最大威胁，这也是爱的一种表现方式。伊丽莎白二世的爱心绝不等同于软绵绵的"拥抱"，女王的爱是稳重的，是自我疗愈的，也是绝对可靠的。基本上，就是人们梦到的那个样子。

法则十七：位高则任重

我的祖先们均遵从着一句崇高的座右铭："我会尽忠职守。"

——伊丽莎白二世女王

英国将自己13个殖民地输给了一帮衣衫褴褛的美国佬，没有什么能比这更发人深省了。实际上，这对英国的君主制来说，可能是件天大的好事。这让乔治三世这个过去的控制狂变得谦卑起来，逼迫着他去面对加速驶来的未来，到那时，欧洲所有古老的君主制都要消亡，被现代的共和国制度所替代。

在18世纪晚期，实际的君权已经被削弱到难以辨认的程度，乔治三世一定想过最终的结局。怎样能保证一项世代传承的特权体制在人人平等的新纪元中继续存在呢？那就是以史为鉴，这就要回到经典的"位高则任重"（noblesse oblige）这一观念，其认为真正的伟大不是自保，而要通过善待他人得以彰显。这旨在将专横的君主变为人民的公仆，同时，将拥有千年历史的王权这一概念进行彻头彻尾的改造。"位高则任重"的理念使得乔治三世成为第一位热衷做慈善的国王，较之过去的历任国王，乔治三世所捐出的个人财富是最多的。这让在他之后的继任者们踏上了大刀阔斧重塑王室形象，同时长期保全自身的道路。

可以这样讲，维多利亚女王所建的每一座医院，以及她和阿尔伯特亲王所举办的每一场慈善活动，都变成了民意支持的基石，筑起了王室自卫的城墙。其他国家的王室们并没有在这上面花费多少时间，他们大多数对民意视而不见。所以，在20世纪初期，当一股反对君主制度的浪潮席卷整个欧洲时，许多看似坚不可摧的王权几乎都在一夜间被推翻，俄罗斯、德国、奥匈帝国、土耳其、意大利、葡萄牙、希腊无一幸免。废除君主制的运动此起彼伏，埃及国王法鲁克曾预判道，按照当时的弑君速度，最后只会剩下五位国王：红桃K、方块K、梅花K、黑桃K……还有英国国王。温莎王室还能稳稳地屹立不倒，这背后有着充分的理由，那就是其还掌握着足够的民间力量，正如传记作家詹姆斯·蒲柏－亨尼西（James Pope-Hennessy）所说，这"就是善举的力量"。随着时间的推进，这种力量也在不断扩大。乔治三世时期的王室成员曾赞助过90个慈善机构，这一数字在维多利亚时期上升到1200个，到了伊丽莎白二世女王这里，已经剧增到了3500个左右，大幅推进了这一主要由玛丽王后所开创的彰显王室履职的惯例。

*

战争时期，媒体将玛丽王后亲切地称为"慈善推土机"，她有时一天要造访3~4间医院慰问伤员，同时她还会举办各式各样的战时资金筹集活动，织毛毯和制作其他慰问品，就像这关系到她的存亡一样。而在某种程度上，确实如此。有一次，有位王室成员闷闷不乐，受够了频繁去医院慰问，抗议道："我好累，我讨厌医院。"玛丽王后回应道："你是英国王室家族的成员。我们从不会感到累，我们都很喜欢医院①！"王室成员因为自私而得到的悲惨下场依旧历历在目。玛丽王后知道，英国王室也很有可能会像她的亲戚罗曼诺夫王朝的王室一样，在一间阴冷的地下室被手枪处决。

玛丽王后的儿子爱德华八世则表现得让人忧心忡忡，他重新拿起君主历来以自我为中心的特权。爱德华八世忘却了自己的座右铭——"我尽忠职守"（Ich Dien），幼稚地缩在他和自己的美国情人华里丝·辛普森的二人世界里，认为其他人的出现只会让自己碍手碍脚。玛丽王后请求他反思一下自己的行为将对整个王室、整个国家、整个帝国造成多么大的影响。但爱德华八世只是说："难道你还不明白？没有什么，没有任何事情能比她和我的幸福更重要。"爱德华八世的秘书汤米·拉塞尔斯说："这成了他的新座右铭，这在过去的几年中完全替代了'我尽忠职守'，这也是他在位时间如此短暂的主要原因。"他任性的"我不服务于民"的统治只持续了不到一年。

伊丽莎白二世很早就显示出爱德华八世身上所没有的无私品质，这在当时一定让人松了口气。她对他人的关心，为他人的安康和舒适所着想，这似乎是她与生俱来的品质，锦上添花的是，她对此从不夸耀。伊丽莎白二世早先养的一只柯基犬名叫"简"，这也是她最爱的一只柯基犬，但它却被温莎古堡的一位园丁不小心撞死了。面对惊魂未定的园丁，伊丽莎白

①　伊丽莎白二世也拥有这种不知疲惫的精神。她可以参加数不尽的慈善活动，可以一遍又一遍地在看上去都一样的大厦里为看上去都一样的纪念匾揭幕，可以观看一场又一场孩子们缺乏新意的舞蹈和歌曲表演，像王太后一样拥有"惊人的天赋，可以对无趣的人和无聊的场合表现出真诚的兴趣"。她究竟怎样做到这点的呢？苏格兰长老会的一名牧师查尔斯·罗伯逊（Charles Robertson）坦言道，他自己都没有耐心看完孩子们在学校的演出。女王只是简单地答道："你必须学会享受其中。"

二世不顾自己的悲伤，为他送上了安慰。她将过错全揽到了自己的身上，责怪是自己太粗心大意，她"一遍又一遍地跟园丁说，这不是他的错"，她的女家庭教师说。回到家后，她"立刻坐下，给园丁写了一封颇具风度的信"，让他不要再自责了。几年过后，这位依然无私的女王会向全世界的臣民发出誓言。1954年，她在澳大利亚议会发表演讲时说："我决心已定，要在上帝的引领下统治并服务大众。"

人们通常以为是戴安娜王妃让英国王室开始展现出更多的同情心，但早在她之前，女王就已经做到了。1956年，女王打破了一项慈善活动的历来禁忌，成为首位造访尼日利亚麻风病人殖民地并与一位原住民亲切握手的国家元首。自此，女王资助了数目惊人的慈善活动和公益组织（在她90岁高龄时这一数字达到了600），为"公益事业"筹集了数十亿英镑。这其中包含了癌症研究、英国红十字会等大型慈善活动和公益组织，也有像风笛曲协会这样的小型组织，支持经典风笛乐曲的传承（女王的意思就是，不妨试着欣赏一下风笛曲）。就连大肆主张废除君主制的《卫报》也曾承认道："伊丽莎白二世女王是历任君王中为慈善事业奉献最多的一位①。"女王每天都会收到200到300封信，其中许多是在请求女王进行更多的慈善资助，还有来自国民个人的请求，希望女王能帮助他们解决各种各样的麻烦。有时，这些信件可能是一种负担，但这也是女王最坚强的壁垒，日日都在提醒女王，即便在现代社会，王权依旧有存在的意义，人们依旧依

---

① 女王在服装选择方面也体现了为国效力的一面。毕竟，女王在选择服饰时也要时刻考虑其他人的看法。"她的服饰美观，但从来不会过于招摇，避免招致人们的嫉妒。"传记作家安·莫罗这样说。女王的衣服也都是十分明亮的颜色，让人们在远处也能轻易找到她。"要是我穿浅褐色的衣服，"伊丽莎白二世解释道，"人们就分辨不出那是我。"女王也会特意使用透明雨伞，让人们即便在下雨时也能看清她的脸庞。在进行出国访问时，女王还会特意挑选能代表东道国颜色的衣服。

赖于王权。历史学家弗兰克·普罗查斯卡（Frank Prochaska）这样看待这些信件："除了社会的大变革和王室的自我毁灭，当这些求助信件停止出现在白金汉宫时，也是英国王室大难临头之际。"

话又说回来，王室的慈善之举就像是复杂的异花授粉一样。英国的王室成员们不停地造访医院，参加资金筹集活动，去社区活动中心进行慰问，很难说清楚究竟哪一方从这慷慨的给予中获利更多：是温莎王室，还是受到慈善帮助的公众？不过，仔细观察过后就能明白，这种服务于民的奉献精神不仅拯救了英国君主制，也在很多方面拯救了女王自己。

女王曾提到，为人民服务的重任在1992年变得格外重要，那一年是女王公开宣称她所经历过的最糟糕的一年。震惊于王室三对婚姻的不体面收场，加上温莎古堡一场凶猛的火灾，女王并没有选择静静舔舐自己的伤口，而是通过打开自己的内心，重新校准了内心的罗盘。

女王当年曾探访过空军上校伦纳德·切希尔（Leonard Cheshire），其是一位伤残的"二战"英雄，后来成为人道主义者。当年，女王在圣诞节致辞中总结自己过去一年的工作时，曾提到了这位勇敢地忍受着"长期不治之症的人……在1992年尽一切努力帮助我重新审视了自己的担忧"。

在这100年前，维多利亚女王也有过相同的经历。阿尔伯特亲王死后，维多利亚女王陷入了巨大的悲伤之中，让她缓缓走出悲伤的唯一原因，就是她放不下的王室职责。克拉伦登勋爵认为，那完全成了她的救星。"对她最有益的，"他说，"就是她的职责以及她难以逃避的大量公务，强迫着她在一天中的某段时间里，放下一切的悲伤，想想其他的事情。"维多利亚女王曾对一位宫廷女侍坦言，要不是因为公务缠身，她早就随阿尔伯特亲王共赴黄泉了。但是她说："我现在希望活下去，为我的国家与我所爱的人拼尽所能。"

给予究竟有什么魔力，能够让女王这样拥有一切的人感到更加充实？其一，通过无私的行动获得幸福感，这是天生深植于人类大脑的一项神经通路。即使是蹒跚学步的孩子们也会体验到这种"助人为乐的快感"，在与人交往时展现出善意和慷慨之举后，会有一种温暖的幸福感涌上心头。有研究显示，比起他们自己当初收到玩具时的表现，孩子与需要玩具的同伴进行分享后（这次试验用的是手偶），他们会面露喜色，露出更开心的表情。但人们只有在成年以后，才会更懂得给予的意义所在，这远不只心中涌起一股暖流那么简单。

　　利他主义的行为对于赠予者的健康大有裨益。这称得上是生理方面的"牛顿第三运动定律"：赠予行为总会对赠予者的身体产生同等的积极作用。这很大程度上是由于被称为催产素的抗炎激素在发挥作用，这是一种天然的解压剂，科学界目前还未研制出可与之媲美的药剂。每当我们关怀他人，展现同情心，或建立有意义的人际联系时，就会分泌出催产素。催产素就像是包裹脆弱内脏的气泡膜，尤其是心脏，保护其不受慢性压力或焦虑的侵害。

　　当我们关心他人时，"同情的环路会被打开，而愤怒的环路就不能被开启。这两种环路不能同时被开启"，慈善专家珍妮·桑蒂这样说。催产素是种缓解人类压力反应的天然解药，只要出现丝毫有关压力的迹象，身体就会预先释放催产素，从而在生理上驱使着我们从他人那里寻找慰藉和放松感（而这反过来又会提升保护着我们的催产素水平）。"我觉得这非常神奇，"心理学家凯利·麦格尼格尔（Kelly McGonigal）说，"人们的应激反应包含了一种与生俱来的抗压机制，而这一机制就是人际交往①。"

那些知道戴安娜王妃有着极其焦虑"一面"的人们，在看到她完全投身慈善工作中时所表现的情绪稳定后，一定会感到惊讶。帮助他人成为"让她为之一振的事情"，戴安娜王妃的男管家兼密友保罗·伯勒尔（Paul Burrell）这样说，"她真心实意地觉得，帮助病患和垂死之人是她生命中最有意义的时光。她会因此觉得'精神焕发'"。毫无疑问的是，戴安娜王妃在全球范围内进行的救援活动完全是由于她发自内心地想要"得到被需要的感觉"。她解释道，当她能够为世界上最脆弱的一群人送上"支持和爱意"后，她也觉得自己得到了支持和爱意，自己也变得没有那么脆弱了，"他们不知道他们给予了我如此多的安慰，这是让我坚持下来的理由"。她后来发现了慈善活动鲜为人知的功效：当你一心想着他人的时候，就没有时间胡思乱想了。在安哥拉探访地雷受害者时，她几乎是带着解脱说道："这让人不会再只想着自己了。"

戴安娜王妃也将这发人深省的道理分享给了另一位王妃，那就是摩纳哥王妃格蕾丝（也就是之前在好莱坞打拼的格蕾丝·凯利，Grace Kelly）。格蕾丝也是王室的局外人，用她自己的话说，自己更习惯于"用没有那么复杂的美式态度对待一切"，格蕾丝在适应严苛的摩纳哥宫廷规矩时经历了一番情感上的挣扎。"在刚加入王室的那些年，我不知道自己

---

① 这种对人有帮助的机制一旦开启，可以源源不断地产生影响深远的裨益。研究发现，经常做志愿者工作的人，其血压、胆固醇、炎症水平和身体质量指数都会有所下降。有一种理论是，除却催产素的作用，当一个人感觉到自己被他人需要时，这会促使其更加用心地照顾自己。我们比自身所想的更易受到利他主义的驱动。有研究者曾比较过医院中不同洗手提示产生的效果，比起写着"保持手部清洁可让您远离疾病"的标志，人们在看到写着"保持手部清洁可让患者远离疾病"的标志后，使用的香皂量会大幅增加。

到底是谁。"她后来回忆道。而重要转折就"发生在我开始为摩纳哥进行公益服务后"。格蕾丝将自己埋身于无私奉献的事业中，她重振了摩纳哥的红十字会，组织翻修了破旧医院，还会对当地的老人进行定期走访。格蕾丝说："慢慢地"，又几乎是毫不费力地，"我又找回了自己[①]"。

*

当我们奉献自我的时候，生活本身也会变得更容易度过。至少从奉献者的角度来看，有证据显示，奉献能创造出更多的时间。由耶鲁大学和哈佛大学的研究者们所主导的一系列有意思的试验发现，相比为自己花费时间，比如看电视或自我享受，人们花费时间为他人做好事时，会感到时间在延伸。比如，花费5分钟的时间给一名小患者写下鼓励的字条，会增加一个人的成就感，认为自己更有效率，而这会反过来改变他们的认知，认为自己在有限的时间内可以做得更多。比起不对他人施以帮助的人，为他人伸出援手的人会觉得自己拥有更多时间，如此一来，他们会觉得自己可以轻易付出更多时间帮助他人。

"贡献出自己的时间，会让你获得更多时间。"研究者们总结道。"显然，这解释了为什么大型跨国公司的CEO们一般也是无数慈善机构的理事会成员。"珍妮·桑蒂说。安妮公主就是个极好的例证。她被称为"最勤

---

① 1981年，格蕾丝王妃和戴安娜王妃首次见到对方，那是戴安娜王妃所参加的第一场公共活动——伦敦音乐盛会，当时的她刚刚与查尔斯王子订婚不久。那年，戴安娜王妃年仅19岁，她开始对自己穿的那件紧绷绷的黑色小礼裙拿不定主意，觉得这裙子"小了两个号"，于是就把这一烦恼告诉了一旁的格蕾丝，格蕾丝只是想让她别那么在意，没想到却做出了极为准确的预言。"别担心，亲爱的，"格蕾丝边说边在洗手间帮戴安娜擦眼泪，"以后比这糟糕的事还多着呢。"

奋工作的王室成员"，每年她承诺参加的慈善活动数量比一年中所有的日子都多。仅在 2016 年，她就完成了 640 项活动。1974 年，她差点遭遇绑架，但在事件发生两天后，她就抽出时间参加了一项公益活动。当时，有位持枪的歹徒在伦敦逼停了安妮公主的座驾，保镖中枪，歹徒拿枪指着公主，试图将她拽出车，但安妮公主大喊道："绝不可能！"（可能是史上最勇敢的台词了）然后她又迅速地回到了自己的公益事务上。

当目光放远，聚焦于长寿这个问题上时，你就会发现，付出时间确实能够让人获得时间。王太后深信，正是"他人所带来的兴奋感"让她活过了 100 岁寿辰。王室职责既是她的人生目标，也是她的自我保护。她认为："生命和生活的意义都在于给予，在于不停地行善。"王太后将他人放在心里，这确实让她挺过了许多艰难时刻。2001 年，已经成为百岁老人的王太后即便在锁骨刚刚受伤的情况下，依然完成了之前定下的活动，为了不让宾客们失望，她在苏格兰举行的一场晚宴结束时跳了一支里尔舞；一位曾经为王室衷心服务的仆人年事已高，无法离开自己在乡下偏远的家，于是王太后步行穿过了一座十分陡峭的桥，亲自造访这位仆人的家。这些都是生动的例子，证明了王太后的所想，"很简单，是民众们让我坚持了下来"。

对王太后的这一所想的证据支持，最早可追溯到 20 世纪 50 年代，科学家们当时首次研究了奉献和长寿之间令人惊讶的联系。心理学家们针对已婚且育有孩子的妇女进行了寿命方面的研究，他们本以为，育有的孩子数量越多，该类妇女就越会因为额外增加的压力而早早去世，但取而代之的是，这一试验却首次用科学视角探究了奉献所带来的长期利好。

让生活中的压力巨幅减少的，并非少生孩子，而是多帮助他人。比起根本不参与志愿者活动的女人，经常参与志愿者活动的女人，其因重大疾病而死的概率更小。在哥斯达黎加的尼科亚半岛上，人们发现了几乎一模一样的证据。在这一全球长寿人口的热点地区，像西尼亚·费尔南德斯（Xinia Fernández）这样的专家们一直在研究长寿的当地人所遵循的生活方式。

"我们发现，在尼科亚半岛上，90岁以上高龄且依旧十分健康的人们，有着一些共同特点，"她对长寿专家丹·比特纳这样说，"共同点之一在于，他们都有着奉献他人、关怀家人的强烈责任感。我们观察到，他们一旦失去这种责任感，长寿的秘诀也就随之消失。如果他们觉得自己不再被需要，就会很快迎来死亡。"

2013年，美国一份针对约1000名成人所进行的长达5年的研究证实了这一推论。那些会花费时间帮助亲友和邻居等周围的人的研究对象，即便在面临重大生活波折后（不同生活困境本应将他们的死亡率分别提升30%），其也在很大程度上抵御了这种风险，没有发生任何因压力所导致的死亡。

菲利普亲王和伊丽莎白二世他们都已经见惯了人生的大风大浪，拥有着超乎常人的耐力，这证明了一颗考虑他人的心能够不受束缚地持续跳动下去。就拿菲利普亲王来说，他的心脏本该在很久前就停止跳动。他的坏脾气、他爱抱怨的性格，以及他对媒体长期的怀恨在心，这都对他的心血管系统没有任何好处。但他在一生中的大部分时间里，亲自打理了数百个慈善机构，自然就没有多少时间让他沉浸在本可将他在多年前就置于死地的愤怒之中①。他们肩上的责任确实让菲利普亲王和女王忘却了自身的烦

---

① 不得不说，菲利普亲王可以表现得十分善良和善解人意（在改善不公方面尤为如此）。在他4岁时，他同家人们的故交在法国住了一段时间，并和一名叫里亚（Ria）的孩子结下了亲密的友谊，里亚由于严重的摔伤，腰部以下都被打上了石膏。另外的家庭成员到访时，只为其他的孩子带了礼物，却冷漠地忽略了里亚，菲利普当时觉得无比愤怒，摆道理说："里亚又不能像其他人一样玩耍。"他立刻冲回自己的房间，拿上了自己所有的玩具，把它们都堆到了里亚的床上，大声说："这些都是你的！"

恼，让他们保持这一状态，坚忍度过了 70 多年的时光。正如伊丽莎白二世之前借用亚当·林赛·戈登（Adam Lindsay Gordon）的一句诗提出的感想，这证明了当我们"关心他人的烦恼时"，我们才能更好地"对自身抱有信心"。

法则十八：不要尝试讨好每个人

你不知道你是在当着一个公主的面说话，如果我想的话，我可以挥一挥手，让你脑袋搬家。我之所以放过你，只是因为我是个公主……

——弗朗西斯·霍奇森·伯内特 《小公主》

曾经在那个更有骑士精神的时代，英国的女王和国王们都有着随叫随到的"捍卫者"斗士作为他们的随从，若是有人胆敢诽谤或诋毁君主治理天下的权力，这些人会真的扔下金属护手，用长矛攻击这些恶棍。捍卫者会全副武装地骑马冲进威斯敏斯特议会厅，宣示着类似亚瑟王式的挑衅语！（任何人，无论他是什么地位，是高贵或低贱，只要他胆敢否定我们的君主……我将作为她的捍卫者，我将指出他的谎言，戳破他是不诚实的卖国贼这一事实，我已做好准备与其决斗，在这场争斗中，与其拼个你死我活……）无须女王任何授意，她知道自己的捍卫者一定会保住她的荣耀，她尽可以高枕无忧——至少在最初是这样的。

然而到 1830 年时，威廉四世由于手头过于拮据，觉得自己为自己而战更便宜一些，就将捍卫者的职位和其他宫廷非必需的职位一并废除了（比如，皇家驯鹰人、皇家香草撒播人①）。这些头衔依然存在，但只是纯形式化了。直到最近，世袭了女王"捍卫者"这一头衔的人，是位来自林肯郡的注册会计师。这样倒是更有益于社会。

但是，伊丽莎白二世女王在面对平民时，必须变成自己的捍卫者，抵御所有的攻击，尤其是那些企图搅乱她内心平静的攻击。尽管伊丽莎白二世女王的前任君主们会用一把斧头解决那些讨厌的人们，但她却找到了伸张正义的别样方式，效果也是出奇地好。女士们、先生们，将呈现给您的是女王陛下的爱之深，责之切。

*

每一位现代的王室成员，都曾偷偷幻想过使用刑具和断头台所带来的即刻快感。当一位过去深得信任的雇员写下揭露一切的畅销传记，就为了挣快钱而辜负了王室这么多年来对其的信任；当一个阴暗的记者只凭流言蜚语就捏造出耸人听闻的新闻头条，毁掉了你的名誉，这种幻想在这些时候尤为强烈。在说话从不拐弯抹角的安妮公主看来，这种时候就要好好来一场诺曼王朝类型的变革。"我真的很想建议重新引入诺曼王朝时期的法律，"她说，"造谣者不仅要付出代价，还要去离其最近的城镇市场中站着，用两根手指夹着鼻子说，自己是个谎话连篇的人。"综合来看，这种手段

---

① 这个职位曾经的皇家职责有些可爱，或者说有些无聊，就是在皇家队列中撒播香草和鲜花。1821 年，皇家香草撒播人的头衔落到了安妮·费罗斯（Anne Fellowes）身上。从那之后，费罗斯家族就一直挂着这个头衔。现在拥有这一称号的人是杰西卡·费罗斯（Jessica Fellowes），也就是朱利安·费罗斯（Julian Fellowes）的侄女，而朱利安·费罗斯创作了《唐顿庄园》。看来，英语圈子确实不大。

并不过激，尤其考虑到现代的温莎王室对那些触怒女王的人所进行的惩罚，就更是如此。

传记作家伊丽莎白·朗福德将其称为恐怖的"冷遇"，也就是王室成员发起的终极冷战，触怒女王的人不仅每年再也收不到来自王室的圣诞节贺卡，在温莎王室的眼里，其也成为"可有可无的人"，无论他们之前与王室有过怎样的联系和沟通，这下都会被统统切断。传记作家英格丽德·苏厄德将这称为"堪比当年被关入伦敦塔一般"。这种情况并不常见，但一旦王室冷遇的铁幕拉下，一般永远不会有回转余地。

这里就要提到倒霉的马里恩·克劳福德了。她本来作为伊丽莎白二世和玛格丽特公主已退休的女家庭教师而风光无限，可以和王室成员不受任何限制地来往，还在肯辛顿宫享有钦赐的房间。但是，在她听信了自己唯利是图的丈夫所说的话后，一切都变了。她的丈夫说服了她，从一帮好奇的公众那里得到喝彩和金钱才更重要。她很快就写出了与温莎王室共度一生的回忆录《小公主们》一书，同类型的书籍当时只此一本。就为了多挣几个外快，这本从雇工视角揭露一切秘密的书打破了王室过去16年来对她毫无保留的信任。这是克劳福德小姐犯下的最大错误。她再也不能被曾经珍视她的人们信赖，也受到了王室最终极的冷遇。在那之后，她再也没有见过温莎王室成员，回到了苏格兰，在那里逐渐走向了精神崩溃，最终也失去了公众的信任。因为人们后来发现，她以"亲临"视角所报道的王室活动的杂志投稿，只不过是一堆虚假的推断，提前六周就写好了。1988年，在她的葬礼上，并没有出现来自王室的送花，她对王室的背叛太过深重，这段关系不可能再起死回生。直到今天，在谈到任何因为目光短浅而对王室进行背叛，从而永远失去女王信任的事情时，宫廷中都会用"克劳福德式错误"一词做指代。

意料之中的是，伊丽莎白二世女王只保留了少数几位朋友和知己。艾琳·帕克（Eileen Parker）等曾为宫廷侍臣的人估计，和女王"足够亲近"，能以名字"直呼"女王的人加起来也只有十几个。其中大部分人都只是"无趣的好人"，王太后习惯这样说，但他们也正是因此而"无比珍贵"。除此之外，伊丽莎白二世并无他求。就像丁尼生那富有诗意的描述一般，"君主"可能就是"会孤独地闪烁着光辉"，但毫无疑问的是，人越少，也就越安全①。

女王可以让你感到如沐春风，但要是有人妄想自己可以成为女王的新晋闺蜜，就会立刻发现，王室所展露的友好和真正的友谊之间实际天差地别。女王并不想将两者混为一谈，她特别善于用最礼貌的方式与人保持距离。她就是英国"有些神秘的友好部门"，安德鲁·玛尔说。其最有效的一项策略体现在与人握手的方式上。那些紧紧抓着女王手套不放的人，他们的手会被立刻放回。曾在电视剧《王冠》中扮演伊丽莎白二世的演员克莱尔·福伊说："是她创造了'推手'这一招。见过女王之后，她真的会把你的手放回去。"

而在必要时，女王也会策略性地与自己的家庭成员保持距离，菲利普亲王从这一点中获益最多。在过去的70多年中，菲利普亲王可能是女王的"力量和支撑"，但他也会变得令人恼火，脾气暴躁，言辞尖刻，怨气十足，冷酷无情，只要他的火气一上来，甚至会大胆地称女王为"该死的蠢货"。

---

① 菲利普亲王的经历可以证明"以友为鉴可知己"这个道理。20世纪50年代，他曾混迹于一群闲散而荒淫的富人之间。他们被人称为周四俱乐部，他们每周会在伦敦苏豪区的一个饭店见面，吃一顿午饭，来点放纵的享乐。这个地方实际充斥着丑闻，充斥着轻率的自抬身价者，也一直是爱寻花问柳的人夫经常光临的地方。由于和这些人有来往，菲利普亲王的名声也被搞臭了，有关他出轨的丑闻从此再也没有消散。

每当到了这种时候，伊丽莎白二世都会尽可能地"不出现在交火的第一线"，传记作家卡萝丽·埃里克森这样说。

"我根本不会露面，"女王会这样说，"除非菲利普亲王情绪有所好转。"女王认为，情绪和普通感冒一样，都是具有传染性的。她说，就像"友善、有同理心、果敢和彬彬有礼的行为具有传染性一样"，愤怒、沮丧和敌意同样也有传染性。女王说得没错。心理学家将此称为"情绪感染"，负面情绪能在不知不觉的情况下在人们之间传播。不良情绪能在数秒之内发生传染，因此，保持距离就成了让冲突降级，避免自身被不良情绪感染的最安全的方式。王太后非常擅长与丈夫保持距离。每当她的丈夫乔治五世在家庭晚宴上不停大发雷霆，语出不敬时，王太后就会从桌旁起身，一言不发地领着孩子们退出房间。

毫无疑问，女王用相同的方式坚守住了英国王室历史上持续时间最长的一段婚姻。当菲利普亲王格外让人生气的时候，女王可能会偶尔回一句："哦，快住嘴吧，菲利普。"不过总体看来，菲利普亲王先于女王承认，如果说婚姻中"唯一必不可少的因素是忍耐"，那么"可以从我这里学到的就是，女王有着无限宽容的品质"。

女王在对待自己已经成人的孩子们，以及她一直充满孩子气的妹妹玛格丽特公主时，都采取了相同策略。女王不肯像玛格丽特公主一样在情绪上小题大做，这才保有了她们的姐妹情谊。有一次，玛格丽特公主给自己的朋友打电话，打断了他正在自家进行的聚会，她发狂似的对朋友说，自己正在自杀边缘，要是朋友不肯立刻赶过来，她会立刻破窗跳楼。这位十分担忧的朋友马上给女王打去了电话，简直可以想象在电话旁女王无奈地翻白眼。"继续开你的聚会吧，"女王冷静地说，"她的卧室就在一层"。

像伊丽莎白二世一样坚持斯多葛主义的人们通常会将行为失当的亲友"当作闹脾气的小孩子一样"对待，认知行为心理治疗师唐纳德·罗伯森（Donald Robertson）这样说。面对这样幼稚的情绪爆发时，生气才会显得不合常理。将之视为忍耐也好，视为常识也罢，这样做的长期结果是不言自明的。

目睹过的王室风波越多，路易斯·蒙巴顿（Louis Mountbatten）就越觉得，能将王室成员团结在一起，处理他们自己造成的麻烦事，可谓是女王最大的个人成就。正如蒙巴顿对自己的挚友约翰·巴勒特（John Barratt）所说的一样，尽管"大部分人都可以让家丑不外扬……但女王的家丑却总是公众关注的焦点"，想到这一点，就会觉得女王更加了不起了。而对女王来说，比起和自己的孩子们、孙子们、丈夫、妹妹零零星星的拌嘴，她更以大局为重。像她自己的母亲一样，女王仍旧信奉"家和万事兴"的道理①。当整个家族要被迫联手对抗一个什么都做得出来的前国王时，就更要团结一致了。

在 20 世纪 30 年代，爱德华八世不肯乖乖从王位上退下，居然愚蠢地考虑过纳粹的建议，如果德国赢得了战争，纳粹会将他推举为傀儡国王，这让王室对他施加了史无前例的"冷遇"。那些需要在他退位风波之后收拾残局的人们众志成城合作，就连宫廷雇员们也不例外，他们很乐意在自己的前领导走出宫殿后升起吊桥。

---

① 女王自己有一项不成文的规定，就是永远不要当着外人的面说自己家人的坏话，而是要尽可能地支持他们。在 20 世纪 90 年代，戴安娜王妃也许曾将她的生活变得苦不堪言，但在白金汉宫举行的一次新闻发布会上，一位来自《世界新闻报》的编辑问道，如果戴安娜王妃真的不想让狗仔队们跟踪她，那她为什么不让仆人帮她处理琐事呢？女王立刻为戴安娜说起了话，她回答道："这可真是我听过的最自大的话了。"这赢得了屋里其他编辑们的阵阵掌声。

"我有时候不禁会好奇，要是爱德华八世依旧在位，我们会摊上多大的麻烦。"在爱德华八世离开后，宫廷中的一员说道。"你自己私下好奇去吧！"汤米·拉塞尔斯反驳道，"以后别再提他了。"

　　爱德华八世后来只是名义上的温莎公爵，他被禁止参加自己的弟弟乔治六世和侄女伊丽莎白二世的加冕典礼，人们也只是勉强让他参加了玛丽王后的葬礼，但也明确表示他不能参加葬礼之后在温莎古堡举行的宴席。这种冷遇让爱德华八世大发雷霆。他在写给华里丝·辛普森的信中极尽挖苦道："我的这些亲戚们一个个都是自以为是的家伙，他们大多数人都已经变成了一帮无比下流和尽显疲态的丑老太婆。"这只是他对伊丽莎白二世的宫廷所进行的无数谩骂中的冰山一角。但幸运的是，女王并不介意有人讨厌她。

　　女王知道，自己不能讨好每一个人，她也不会尝试这样做。能够真诚且勇敢地做自己，这一直是英国上层阶级的标志。文化历史学家莎拉·莱尔解释道，与英国爱攀附权贵的中产阶级不同，"真正的贵族可能是全英国唯一有着足够的安全感，丝毫不在乎他人如何看待自己的一帮人……英国的贵族们觉得自己没有必要讨好别人"。他们也不会专门说些什么或做些什么，以求让别人更加喜爱自己。女王只在真的觉得有趣的时候才会笑。女王丝毫不会"挂着政客们那种半永久式的笑容"，记者凯文·沙利文（Kevin Sullivan）这样说，其惊叹于女王雷打不动的微笑习惯，"她只会在感到有趣时微笑"。这可称得上是对女王所继承的王位最大的讽刺，王位本身充满了张扬的浮华气派，还有少不了的造作。但"在英国需要逢场作戏的君主制其核心"，历史学家罗伯特·莱西解释道，"其实她是一个严肃而又讲求实际的女人，是个绝对不会装

180

腔作势的人^①。"

女王从不装假的作风也延伸到了她自己的演讲稿上。她对虚情假意是如此敏感，马丁·查特里斯曾为女王准备了一份演讲稿，开头无伤大雅地写着"我非常高兴能够重回伯明翰"，她立刻瞄准了"非常"一词，然后将其划掉了，解释称，倒不是因为伯明翰有什么问题，她只是不能忍受这种在她看来并不真诚的夸张。不仅如此，女王也从不装作对现代艺术有任何兴趣，也不会读别人推荐给她的畅销书。如果女王真的有休闲读物的话，据传闻讲，那也是一些侦探故事，或者毫无文化底蕴的关于马的故事。最重要的是，她也不会在真正惹她生气的人面前假装友好。无论怎样，你都会知道女王对你的真实看法。英国女演员米瑞安·玛格莱斯（Miriam Margolyes）既因其在《哈利·波特》系列电影中扮演斯普劳特教授一角而出名，也因其时常爆发的唐突无礼行为而"著称"。她最近在参加一次宫廷宴会时，像往常一样口无遮拦，滔滔不绝，在女王和另外一位宾客交谈时，粗鲁地打断了女王。"住口！"女王直截了当地说，没有和"斯普劳特教授"假装亲密，而是将自己的个人道德标准放在了第一位。

*

---

① 当然，没有人能像玛格丽特公主一样对一切都表现得满不在乎。她从不掩饰那个无礼的自我。在某个晚宴聚会上，卡那封勋爵为她斟上了一杯罕有的 1836 年马德拉白葡萄酒。勋爵忐忑地等着玛格丽特公主的反应，她喝了一小口，然后立刻就说"尝起来和汽油没什么两样"。还有一次，玛格丽特公主和一些朋友在肯辛顿宫小聚，伊丽莎白·泰勒作为惊喜出现在了现场。泰勒本来还期待着自己好莱坞明星身份的礼遇，于是在门口尴尬地等了好久。玛格丽特公主的一位朋友想让她给泰勒个台阶下，说道："哦，小姐，伊丽莎白·泰勒来了！"玛格丽特公主只是叹了口气，说道："哦，好吧。谁快点给她上一杯酒！"

"问题在于，表现得像其他人一样，那就会被像其他人一样对待，"马丁·查特里斯曾这样打趣道，"女王之所以不被平庸对待，就是因为她从不随大流。"但可以说，像莎拉·弗格森等王室成员则因为完全相反的原因而惨败。莎拉难以承受别人对她的讨厌。只要小报里出现了一丁点关于她的负面新闻，"我就会连续几天睡不着觉，也无法镇静下来。"她回忆道。她需要每个人都喜欢她，才能感到完整，就连萍水相逢的陌生人也不例外。

一次，有位机场行李员听到她在海外长途旅行后稍微抱怨有些累，行李员略微大声地咕哝道："你都不知道什么才是工作。"莎拉无法承受这样的怠慢。"哦，请别这样说，"她对行李员辩解道，"你不知道，我确实要很努力地工作。请不要相信你在报纸里读到的那些话。"她在刚刚表现出对自己努力工作的骄傲"还不够"，莎拉说，"不行，我必须要让这位陌生人成为我的朋友才行。"莎拉在加入王室时得到了公众如潮水般的好评（媒体预测道："有趣的弗格森"将永远活跃着宫廷气氛），而当低潮期不可避免地到来时，她根本无法承受。沙拉过于在意他人的看法和喜爱，她将媒体对自己的恶评全部内化于心了："我对他们所写的每件事都深信不疑。我觉得自己就是他们口中那个一无是处的人①。"

---

① 几年之后，莎拉发现了一个道理，而这值得所有未来的王室成员们铭记。在对一家英国报纸机构的办公楼进行参观时，莎拉见到了那个曾经写下著名的"猪扒公爵夫人"头条的人，他曾负责源源不断产出伤人的段子。莎拉深信自己将会见到一个留着小卷胡的文质彬彬的反派，但她却震惊地发现对方是一个胖乎乎的、有些秃顶的、很友好的人。"你曾经让我特别困扰，你知道吗？"莎拉对他说。"哦，亲爱的，我不是故意的。"对方从自己的角度解释道，他之所以会写下这样的头条，只是因为"猪扒"和"约克"在英语里是押韵的。"他是靠抖机灵赚工资的，无他，"莎拉总结道，"而我却一度将他写下的每一个双关都当真了，他在写的时候根本不会注入什么感情，就像他对自己的领带夹一样不在乎……我突然意识到，只要知道了对方的意图其实与我们自身无关，那我们就不会再受这些批评的困扰。"

奥利弗·克伦威尔（Oliver Cromwell）尽管疯狂地反对帝制，但他的想法确实没错。他处决了查理一世并将自己封为英格兰共和国护国公，却没有让阿谀奉承冲昏自己的头脑。1650 年，克伦威尔在骑马穿过伦敦时，道路上充满为他欢呼的人群，他对自己的同行者说，没错，他确实很享受民众对他的这种支持，但是他也知道，在这里为他欢呼的人群也很有可能会在未来再度熙熙攘攘聚集起来，就为了看他的绞刑。

如今，查尔斯王子对公众易变的支持态度最为了解。现在很难想象的是，在戴安娜王妃出现之前，查尔斯王子曾被选为最受喜爱的王室成员。当时，英国全国有 70% 的人是这样想的。但到 1993 年，他的支持率猛跌到了微不足道的 4%。这一数字后来又逐渐回升，这是因为查尔斯王子欣然接纳了自我，不再担忧其他人对自己所心爱的项目和事业有何看法。数千个因这些项目受益的人们一定很感激查尔斯王子当初并没有放弃，他并没有因为自己身外的名气而放弃了内心的追求。正如岸见一郎（Ichiro Kishimi）和古贺史健（Fumitake Koga）在他们的畅销书《被讨厌的勇气》中所写的那样，"被他人所讨厌也能带来一定的自由"，因为"这证明了你在践行着自己的自由，证明了你活得很自由，标志着你在按照自己的原则所生活"。

澳大利亚姑息治疗护理员布伦尼·韦尔（Bronnie Ware）连续 8 年倾听了垂死之人的临终感言，发现他们追悔莫及之处存在惊人的相似点。将要去世的人们最大的遗憾不是恨自己没有成名，或是没有得到人们的长期喜爱，人们一次又一次提到的是缺乏勇气真正做自己。也就是"我希望自己曾鼓起勇气过上符合本心的生活，而不是他人认为我应该过的那种生活"。

菲利普亲王也曾提出过几乎一样的建议，只不过还带有他向来很接地气的风格。"只是为了避免他人的批评而不做任何事情，这种想法"是徒劳无用的，他说，"最后你会变成一个生活极其乏味的人，这就没有任何意义了"。简单来讲，就是要做你自己，勇于被讨厌，即便你是女王，也应如此。有一次，伊丽莎白二世女王和王太后在伦敦西区观看了一场演出，有人看到了她们并听到皇家包厢里传来了轻微的争吵。"你以为自己是谁？"年长的王太后礼貌地悄声问道。伊丽莎白二世自信地小声回应道："我是女王，妈妈，是女王。"

法则十九：捍卫信仰

祷告所带来的一切，是这世上闻所未闻的。

——阿尔弗雷德·丁尼生（Alfred Tennyson），

《国王的叙事诗》

每次在现代的英国偶然摸到一英镑的硬币，总会让人想到一个比铸币本身还要古老的理念。硬币上刻在女王名字之后的是一串类似密码的字母"D-G-REG"。这是对拉丁语中"蒙上帝恩典"（Dei Gratia Regina）这句话的缩写，在如此世俗的年代中，英国这种对上帝存在的承认实在令人惊讶，这意味着君主的权力和地位并非来源于政府，而是直接来源于上帝这一终极的君主①。

毫无疑问，这一理念在历史上遭遇了不少波折。滥用"君权神授"这一思想让查理一世下场惨淡，也让克努特大帝颜面无存，其没有做到让大

---

① 铸币上的所有铭文是：伊丽莎白二世 D-G-REG-F-D，最后的"F-D"是"宗教信仰的维护者"（Fidei Defensor）拉丁语中的缩写。这些铭文最早出现在 1714 年的英国铸币上，但这些符号在 1849 年产出的两先令硬币上则被去掉，导致民怨沸腾，称其为"渎神的弗罗林"，该硬币随后立刻被重新发行，重新刻上了既有的文字。

海的潮汐听凭他的调遣。但君权神授也有其超越时间的永久效力，能让人安心地产生信仰，从而带来了历史上的稳定，这信仰正如莎士比亚所说："这块神圣的土地，这片土地，这个王国，整个英格兰王国是由远超政治体制的力量所凝聚在一起的。"

与世俗社会所选举出的一届届政客们不同，"人们在看待君主时"抱着不一样的心态，传记作家伊丽莎白·朗福德这样说，人们将其视为"并非完全出自他们自己之手的存在，并非人造的产物……使其有着似乎能连接另一个世界的能力。"英格兰共和国在 17 世纪中期只勉强持续了 10 年多一点，当时整个国家的最高力量也不过是一群易犯错的凡人。整个国家一直都需要超越人本身的力量，从而将民主建立于那之上。或许，君主本身最需要这种力量。当人们把你的脸庞印在了国内每一块铜板、每一张邮票、每一张钞票上时，你就必须铭记于心：自己之上，另有神在。

"另有神在"是乔治六世颇具洞见的表达，指的是他 1937 年加冕仪式上所经历的超自然时刻。当大主教让国王做好准备进行受膏这一加冕仪式中最神圣的环节时，乔治六世说他有种强烈的感觉，在王室华盖下，大主教的身旁"还有另一个人与他同在"。观看这一切的人们也有同样的感受，"这两人似乎在与上帝独处，进行着超乎他们想象的伟大行为，超乎在场所有人所想的庄严肃穆"。

20 年之后，伊丽莎白二世也会走到华盖之下。她会将自己华丽的服饰换作一袭简单的白裙，接受大主教特殊的祝福，这在当时被称为"女王的神圣化"，而在伊丽莎白二世的记忆里，那一刻，她真正地成为女王。让她真正成为女王的是这场宗教祝福，这不是戴上王冠或说上几句高尚的誓言就能达成的。

当时，受膏环节被视为无比神圣，环绕威斯敏斯特教堂的直播摄像头都谦敬地避开了这一画面（这也是英国史上首次直播的加冕仪式）。对这一仪式进行录像，就好像是在偷窥上帝与女王之间所进行的深度私人契约。直到今天，人们在观看1953年这场加冕仪式的黑白录像时，也很难不动容。当时，英国上下都受到了这场灵性洗礼的影响。经历过这场加冕仪式的英国迎来了其在19世纪中期后最大的一场重拾信仰的潮流，加入教会的人数、受洗礼人数、圣餐仪式数量、主日学校入学人数，以及宗教婚礼的数量都有了巨幅提升。那是一个几乎不可思议的时代，当时大多数的英国人都像玛格丽特公主一样，仍旧坚信女王是"上帝在这一国度的化身"。时代确实不一样了。如今，尽管女王的大多数臣民都以史无前例的程度抛弃了传统的宗教信仰，但女王还是会一如既往地坚守住这份信仰。

*

女王的信仰"绝对是她一生的主要动力"，前温莎王室主任牧师迈克尔·曼主教这样说，"女王是个有着深度信仰的人"。女王在每个礼拜日都会去教堂，从未间断，在一天结束时她都会在床边跪着祈祷。还小时，伊丽莎白二世每天清晨都会在母亲的床上与母亲一同读一章《圣经》，她熟识了所有宗教故事，这成了她日后的依赖。"尽管女王不会透露她在其他方面的感受，"曾描写过女王矢志不渝信仰的马克·格林这样说，"但关于上帝，女王则会极其地——可以说是非同寻常地乐于分享自己的信仰。"

对于伊丽莎白二世来说，维护宗教信仰就意味着提醒人们，照她的话来说，就是"不要轻易放弃永恒的理想"。这些理想曾支撑了一代又一代的人类，在这样一个由于信仰缺失而导致个人空虚的时代，就更是如此。2002年，她对自己的臣民这样说道："我知道自己是完全依靠着信仰的指引度过了起起伏伏，我知道自己只有一种活下去的方式，那就是尽力行正确之事，将目光放长远，在诸事上奉献全力，永远信奉上帝。"

女王有着极强的"外控型人格"，这是心理学上的术语，指的是因为知道最终另有其人掌控大局，所以不慌不忙。用约克公爵夫人的话说，女王或许是君主制这辆车的驾驶员，但她也知道自己"并不是让引擎转动的那股力量"。实际上，是女王自己给父亲分享了一首短诗，后来才将这家喻户晓的概念提取了出来。在"二战"早期，人们普遍缺乏信仰的日子里，乔治六世正在为自己1939年的圣诞节致辞寻找恰当的语句，当时年仅13岁的伊丽莎白二世公主为他递上了令人难忘的几句话，觉得这可能会帮得上忙：

我对站在年关的那个人说："请给我一盏灯，让我能安然走进未知的世界。"他回答道："走进黑暗之中，将你的手放入上帝的手中。比起一盏灯，这是更好的方式，比起已知的路，这是更安全的方式。"

伊丽莎白二世是对的。这种让人重拾信仰的提醒为数百万人带来了慰藉，让他们相信自己并非在孤身战斗，从而提振了人们的勇气。就前坎特伯雷大主教乔治·凯里看来，伊丽莎白二世那具有标志性的毅力之下，埋藏最深的基石就是信仰："信仰让她生出了一种能力，她能招架得住一切事情。她的信仰来源于神学，其认为万事万物都是有规律的。"在丹·比特纳针对全世界的长寿人口所进行的调查中，也重复出现了相同的规律。将自己的所有担忧都放手交给超乎自己之上的力量，这是人们保持身心健康的普遍做法。

女王在面对悲剧时，也会寻求信仰所带来的沉静力量，但世俗的媒体却在1997年无耻地对这种力量视而不见。戴安娜王妃去世后的第一天，伊丽莎白二世带着自己的孙子威廉王子和哈里王子，像往常一样参加了教堂的礼拜仪式，这遭到了媒体的严厉批判。这种行为立刻被新闻记者们嗤之以鼻，他们怎么也想不明白，除了在肯辛顿宫外留下用玻璃纸包装的鲜花之外，还有什么方式能够带来慰藉。威廉王子和哈里王子当时都需要一种更万全的方式来承载自己的悲伤。就像威廉王子对自己的祖母所说的那样，他们都想去教堂里"和妈妈对话"。那些完全脱离了宗教传统的人们已然忘记，传记作家贾尔斯·布伦迪斯说："熟悉的赞美诗和祷文能为人带来慰藉。历史悠久的形式和传统也能对人产生安慰。"

意料之中的是，传统的基督教教义一直是女王的精神食粮。女王更青睐历史悠久、更为安静的圣公会教堂礼拜仪式。她习惯用的依然是1662年版本的《公祷书》以及英王詹姆斯一世下令翻译的钦定版《圣经》。不过，女王从来不会对基督教信仰中细枝末节的问题揪着不放，伊丽莎白二世是宗教改革运动之后，首位与天主教教皇进行会面的英国君主。女王也不会像菲利普亲王一样，乐于针对每一个神学理论观点打破砂锅问到底。像王太后一样，伊丽莎白二世的信仰"既传统又简单"，传记作家威廉·肖克罗斯这样说。正如女王在2000年所提到的那样，她认为"基督教的教义"最多可以用8句话进行概括①：

平静地在世界中前行；

---

① 这可能解释了女王为什么对冗长的布道十分反感。女王认为，最理想的布道应该简洁，不超过7分钟，"她觉得，要是一位传教士在7分钟内还不能说到点子上，那他就永远不会亮明观点了。"传记作家英格丽德·苏厄德说。伊丽莎白二世和菲利普亲王两人都很喜欢迈克尔·曼主教，他曾在1976年到1989年担任温莎王室主任牧师一职，而原因就在此。迈克尔·曼主教会慈悲地将布道控制在短时间内结束。菲利普亲王曾简洁有力地描述道："当人的屁股坐不下去时，人的心神自然也不能吸收更多知识。"

拥有足够的勇气；

坚守一切善的事物；

不要因恶的目的向恶人投降；

让胆小的人们变得坚强；

扶助弱小的人们；

帮助处在痛苦中的人们；

尊重所有人。

尽管菲利普亲王不知疲倦地玩味过世界上所有其他的宗教理论，但他一次又一次地得到了相同的结论。他说："宗教信仰是维持人们尊严及正直的最有利因素……"

*

因此，女王之所以每日要雷打不动地进行祷告，以求补充能量，很大程度上是为了自己的国家。自她儿时起，晨祷和晚祷就一直"是她日常生活的一部分，就像梳头和穿衣一样"，传记作家英格丽德·苏厄德这样说，女王在晚祷时，会在床边双手合十。也许祷告是最具特别象征意义的方式，女王能够通过祷告感受到自己的渺小，从而能在超乎于她的王位下，暂时卸下沉重的王冠，抛却王位所带来的烦恼和理想。

"对基督徒来说，也对所有具有信仰的人来说，反思、冥想和祷告能帮助我们在上帝的慈爱中重新振奋。"伊丽莎白二世这样说。像女王一样，将祷告作为日常生活一部分的人们，都会认可祷告有着让人放松和增加活力的无与伦比的效果，这是带着信心开始一天的最佳方式，也是带着平静结束一天的最佳方式。

女王抱有一种超然的希冀，而女王的大部分臣民曾经也有着相同的看法，正如历史学家彼得·阿克罗伊德（Peter Ackroyd）所记录的那样，这是一种信念，"认为生命只是存在的开始，而非终结"。当然，不乏有人会对这一信念嗤之以鼻，但难以忽略的是，这种信念为伊丽莎白二世的人生带来了慰藉和巨大的勇气。每当女王在不受保护的情况下走在人群中时，每当她坐在敞篷车上时，都彰显了这种信念的力量，毕竟，疯狂的枪手随时都可以向她开火。

有讽刺意味的是，当她相信自己一定会去往另一个世界后，这反而让她在这个世界里待的时间更久。死亡在女王看来，用一位前任君主的话来说，只不过是用一顶可朽的王冠换得了一顶不朽的王冠。结果就是：无论在一天中会面对什么，女王都能完全保持活在当下和平静的态度。女王的一位密友曾这样描述："她打包好了行囊，做好了随时出发的准备。"

第六章

女王的长寿法则

愿上天，伟大的君主，

赐予您无尽的幸福。

随着时间的推移，

日日均如此！

——约翰·德莱顿（John dryden）

不要抗拒衰老。

——乔治·麦克唐纳（George MacDonald）

1896 年 9 月 23 日，维多利亚女王打破了英国国王的长寿纪录。当天，她在日记中骄傲地记录下了这一壮举。她正式超越了乔治三世最长的在位记录，比其多出了一天，险胜其在位 59 年零 96 天的纪录。她做到了。她还完成了英国国歌里面最终一项，也是最难以完成的一项希冀："治国家，王运长。"但她几乎是瘫倒在了里程碑面前。

当时已经 78 岁的维多利亚女王患有病态肥胖，几乎难以行走。她的登基 60 周年庆典本应庆祝她拥有持久不断的活力，最终却只能走个过场。维多利亚女王没有办法攀登圣保罗大教堂前面的那 24 级阶梯，她只能停靠在教堂外面，待在自己的马车里，等待教堂的会众们走出来迎接她，庆祝她在位整整 60 载。就连这样都已经让她觉得精疲力竭。由于维多利亚女王身体虚弱，浑身都有风湿性疼痛，因此周年庆典只进行了一天就草草结束了。

等到英国再一次庆祝女王登基 60 周年庆典时，情况变得完全不同了，那也是英国史上第二次进行这项庆典。当时已经 86 岁的伊丽莎白二世在当年为了这一周年庆而将活动安排得满满当当，正式的狂欢活动在 2012 年的 6 月连续举行了 4 天，其中还包括一场在泰晤士河上举行的盛大演出，当天下着雨，天气异常阴冷，伊丽莎白二世整整站了接近 4 个小时，其间一直向自己的臣民们挥手致意（旁边有座专门为她提供的"宝座"，但女王连靠都没有靠一下）。尽管这已经不值一提，但几天后，女王还轻松地登上了曾经让维多利亚女王望而却步的圣保罗大教堂阶梯。

这显示出了一个重要的区别：将长寿完全视为在年龄数字上达到的壮举，而这几乎全靠自身基因决定，这是一回事；将长寿作为自身明智选择下所达成的活力四射的状态，这就又是另一回事了。伊丽莎白二世总爱引用格劳乔·马克斯（Groucho Marx）的一句话："谁都可以变老——只要活得够久就行。"但要想优雅地变老，这就完全是另一回事了。

要想在变老的同时，让身心依旧灵活敏捷，始终抱有对生活的强烈热情，仅靠遗传了良好的汉诺威王室基因是不够的[1]。用古时诺曼人的一句话来表达，这需要"女王的御准"（la reyne le veult）。女王在批准议会的某些法案时，或精妙概括她对优雅地变老所持的态度时，依然会用到这个词。也就是说，要想优雅地变老，人们必须允许其发生。伊丽莎白二世女王可以欣然接受逝去的年华，这看上去似乎毫不费力，她的长寿甚至显得特别神奇，但在表象背后，有着女王坚定的、反叛的、非凡的意志力，这让女王所表现出的最后一项王室风范无比欢欣与辉煌。

---

[1] 大约会差出75%。有观点认为，人们的寿命有75%是由生活习惯和环境因素决定的。有一项对丹麦双胞胎进行的开创性研究，研究对象有着几乎完全相同的基因，但成长于完全不同的环境中。研究显示，人的寿命只有25%取决于基因。

法则二十：要内在气质，而不是化妆整形

在需要以示众人的位置上稳稳坐住还不够；
精神稳定也是必要的。

——詹姆斯·蒲柏－亨尼西

我的状态并不好，但我并没有显露出来。我一直紧紧抓着自己红色的爱马仕包，这和我的红帽子、红夹克是配套的。就算在紧急情况面前，时尚的颜色搭配也是有意义的。

——肯特郡迈克亲王夫人在经历过直升机降落事故后如是说

曾经，女王最差劲的王室肖像画是由彼得罗·阿尼戈尼（Pietro Annigoni）在 1969 年所画，整幅画看上去有些凄凉，像是个半成品，并且还有些瘆人。在那幅画中，一身戎装打扮的伊丽莎白二世女王散发着《指环王》电影中精灵女王的气场，她似乎能随时将自己暗红色的长袍一甩，大声宣告："黑魔王已去，我是你们的女王！"但到了 2001 年，一切都变得不同了。当时，西格蒙德·弗洛伊德（这已经预示出不妙了）已

经 79 岁的孙子卢西安·弗洛伊德（Lucian Freud）在让艺术界苦等了接近一年后，终于发布了其所承诺的杰作，也就是画作《女王陛下》。但这幅画却只是一幅在小得出奇的画布上用斑斑点点的笔触画成的，说实话，上面的人看上去非常不友好。所有的英国人都义愤填膺。

"这让女王看上去就像是她养的某只柯基犬中风一样。"《英国艺术杂志》的编辑罗伯特·西蒙（Robert Simon）说。"弗洛伊德应该因此被送入高塔。"摄影师亚瑟·爱德华兹（Arthur Edwards）愤怒地说。对于试图接纳这一切的艺评人艾德里安·赛尔（Adrian Searle）来说，画作中这个一脸苦相的女王就像是"便秘药片使用前后对比中，那个'使用前'的照片一样"。《太阳报》将这称为"对女王的一种歪曲"。

总之，画作公开之后，社会变得异常不稳定。这幅还没有一张报纸大的肖像画丑作，居然引起了英国举国上下的狂怒，但仔细想想这幅肖像所代表的深层含义，也就没那么奇怪了。一直以来，女王的"长相"总是与其代表整体国民这一象征意义难解难分。女王的身体依旧代表着英国"全体"①。女王光鲜亮丽的外在反映的是整个国家的内在精神。弗洛伊德画作中那个愁眉不展的"老太婆"所反映出的"英国气质"，不仅是一种侮辱，还是对事实彻头彻尾的歪曲。这幅画作意图彰显画师的高明之处和所谓的"现实主义"，却扭曲了女王极尽优雅地变老这一事实。《每日电讯报》

---

① 这是来自中世纪的一种信条，其认为君主除了有自然身体外，还有着"政治身体"，这对于英国女王来说格外重要。对于伊丽莎白一世来说，尤为如此，要是没有这项信条，她不可能保住自己的王位。在当时那个女性被公然认为是人下人的时代，这基本上可以保证，伊丽莎白一世在其他男人面前，也能得到像男人一样的尊重。由于女王可以独一无二地代表王位和整个国家，这完全超出了性别的范畴，也就是其"政治身体"，因此，女王身上令人讨厌的女性特质就在所有国事上被简单地忽略掉了。1558 年，伊丽莎白一世在全员男性的议会会议上说："我只不过拥有自然的身体，但承蒙上帝允许，我也拥有了可以治国的政治身体。"

总结得最好，其让步称，女王也许"不再是那个让人美得心碎的女人了"，但就像经过历史洗礼的英国所展现的最好一面，她依旧是"好看的"。

伊丽莎白二世女王看上去总比她的实际年龄小。岁月对女王的柔情在她还小时就显现了，一直到她步入成人时期也是如此，她的穿着像极了玛格丽特公主的风格。据说，这是为了让小她 4 岁的妹妹"能够赶上来"。但在过去几十年中，没有什么能比得上女王有口皆碑的好皮肤，这使得女王的外貌大大地年轻化了。女王的好皮肤受到过太多称赞，"瓷感肌""夺目"，人们最常说的就是"容光焕发"，有关女王的每一本传记都在某种程度上对女王的好皮肤表示了敬意。马丁·查特里斯第一次见到女王时，"立刻被她明亮的蓝眼睛和绝佳的气色震撼到了"。摄影师塞西尔·比顿（Cecil Beaton）曾惊艳于女王"白里透红"的脸庞。布雷伯恩男爵也是一样，他第一次亲眼看到女王的时候，曾对菲利普亲王说："我不知道她的皮肤居然这么好。"在许多人看来，这就是弗洛伊德的画作如此不及格的原因。传记作家萨利·比德尔·史密斯观察到，弗洛伊德污迹斑斑的橙黄色笔触没能将女王在年老时依然"光洁的皮肤"表现出来。史密斯记述道，这在很大程度上是得益于女王"健康的生活方式以及并不复杂的美容养生法"。

据王室传记作家安·莫罗称："有些女性总以为，保持好皮肤的秘诀在于用昂贵的护肤品，但女王的肤如凝脂则证明她们是错的。"过去多年，伊丽莎白二世曾用了各式价格公道的赛可莱思护肤品，其中包括一种名叫"玫瑰露"的保湿霜。在化妆品方面，她也信奉少即是多这一简约原则。她唯一惯有的修饰也只是快速地拍下粉，涂上一层明艳的口红（比如 1952 年女王曾委托制作的"巴尔莫勒尔"色口红，以匹配她的加冕礼袍）。女王只有在进行一年一度的圣诞节致辞时，才会在化妆上大费周章，也就是在整整一年中只有一天会选择来自专业化妆师的帮助。女王容颜永驻的秘诀，并不在她的梳妆台里 ①。但在服饰方面，就另当别论了。

*

伊丽莎白二世女王在外时，头上总会戴些什么——出席公共活动时会戴上一顶干净利落的帽子，私下里散步时则会随意挂条围巾。文化历史学家彼得·康拉德认为，这是潜意识中所体现的女王范儿，也就是换种方式，永远戴着王冠的类似物。即便女王什么也不戴时，康拉德说，女王"密实的白色烫发"看起来也像一顶"坚硬的头盔"。然而，女王之所以离不开帽子，实则有着更现实的意义。加上女王有时会随身携带的遮阳伞，她其实只是在尽力防晒罢了。

女王一直以来保持的习惯帮助她葆有了生来就有的好气色。20世纪50年代，在他们访问大堡礁时，女王对菲利普亲王说："我得躲到阴凉里去。"菲利普亲王则在如火的骄阳下走来走去，他在水里大声说："快下水吧……别像个老奶奶似的！"要想知道谁最终赢得了这场争论也不难，只消看看菲利普亲王因日晒而饱受摧残的脸就知道了。

---

① 可能唯一的例外就是女王洗脸的方式。虽然目前尚不清楚具体情况如何，但伊丽莎白二世女王可能延续了王太后在洗脸方面的禁忌。也就是，不洗脸，至少是不用香皂洗脸。乔治六世在对人说起王太后绝佳的肤色时，这样解释道："你知不知道，她这辈子从来没有洗过脸。我在结婚前也不相信，但我现在发现确实如此。她会在晚上涂上一些油膏，等到天亮时就全部蹭到了枕头上，仅此而已。"王太后后来对这一说法进行了更正，说她确实会使用一种洁面乳来代替香皂，但她会用大量的冷水将其冲洗掉。有趣的是，另一位以无瑕肌肤著称的王室成员——摩纳哥王妃格蕾丝也曾说过相同的话。虽然她的形象曾被用于力士香皂的广告里（获得同款"电影明星的肌肤"），但在数年之后，她将真正的秘诀告诉了一位新闻工作者："我从不用香皂洗脸！"

199

另外一位对日照不设防的王室成员则是玛格丽特公主。从20世纪60年代起，玛格丽特公主一年要在马斯蒂克岛这个加勒比海岛的沙滩上度假两次，这可对她具有日耳曼人特质的肤色没什么好处。最后，"她的皮肤变得像皮革一样，成了一种类似培根的颜色"，新闻工作者凯伦·海勒（Karen Heller）这样说[①]。这些"风吹日晒"的活动，就是女王有意避免的，她会选择去北半球远离赤道的苏格兰度假。这些预防措施果然有了效果。1953年，塞西尔·比顿拍摄了那张著名的女王加冕照，那上面的伊丽莎白二世看上去就像是白雪公主的化身。岁月不可避免地带来了褶皱，但画布却依然如雪般洁白。

简要说一下关于皱纹的事：对于已经90多岁的女王来说，这些皱纹看起来一点也不丑陋，也不会使女王显得憔悴。之所以会这样，是因为一种预防措施起了效果，随着时间的推移，这几乎不可察觉，任何昂贵的面霜也达不到这种效果。伊丽莎白二世只是在变老的过程中长胖了一些。显然，女王并没有变得过度肥胖，增加的体重只是让她整个人变得圆润了一些。这样一来，女王避免了变得像其他老人一样干瘦。

这种方式有可能是受到了王太后的启发。华里丝·辛普森认为，一个女人无论多么有钱，多么苗条，都不为过。与她相反，王太后一直认为，脸上带点肉是好的，尤其在整个国家都在逐渐木乃伊化的时代更是如此。

---

① 不要忘记，玛格丽特公主还有一个习惯也加速了她衰老的进程——她的烟瘾很大。在床上点燃第一根烟后，她在一天中可以连续抽60根，吃饭时也很少会停下。人们曾称，在宴会上和她一起，简直要被熏死了。有位曾与她一起参加过宴会的人回忆称："我们刚开始吃饭，她就点了一根香烟，抽个不停，一根接着一根，贯穿了整个宴会。"当然，她在抽烟方面还是有着自己的规矩，毕竟她可是玛格丽特公主。第一个就是她标志性的玳瑁烟斗（比库伊拉·德维尔的烟斗短了一些），第二个就是永远不让乌合之众为她点烟。"亲爱的，你不能帮我点烟，"她会对那些高估了他们之间亲密程度的人说，"不，不，我们之间没那么亲近。"

其他人也表示同意。"她并不会（像'华里丝王后'一样）苗条、时髦和脆弱，"传记作家贾尔斯·布伦迪斯这样写道，"她整个人十分圆润，有王室风范，但很真实；优雅又容易相处、平易近人。"这让她在轻易度过了自己的百岁生辰后，看起来依然面色红润，有精气神。她胖乎乎的身材让她显得更好看了。相较之下，认为瘦才是王道的华里丝（89岁时生命垂危）则随着年龄的增长而愈发显得瘦骨嶙峋。这些都完美契合了英国喜剧演员米兰达·哈特（Miranda Hart）精妙地称为"胖子不会垮"的理论，这种"抗衰老的护肤品"总能"让时间倒流"。她说："这基于一种理论……微胖的人们，一般其皮肤看起来确实更好。"

老去所鲜为人知的副作用之一，就是人们在达到80岁以后，体重一般会逐渐降低。所以从医学角度讲，老人们胖一些可有缓冲作用，这在预防老人摔跤、消化困难、食欲下降以及面对其他需要寻医问药的意外情况时尤为管用。反常的是，"随着人们年龄的增加，身体质量指数（BMI）也会随之变高，"维克森林大学医学院内科医学教授芭芭拉·尼克拉斯（Barbara Nicklas）这样解释道，"也就是说，人老之后，体重增加些是好的。"

加利福尼亚大学尔湾分校正在进行的"90＋研究"支持了这一发现，这也是针对老年人正在进行的全球最大规模医学研究之一。"其实，随着年龄增长，人们最好保持自身体重，甚至还可以增重，"参与此项研究的首席研究员克劳迪娅·卡瓦斯（Claudia Kawas）这样总结道，"老了以后，瘦骨嶙峋并不好。"瘦弱的老人也不符合英国民众的审美，他们更喜欢让自己的女王整体圆润一些。2006年，澳大利亚艺术家罗尔夫·哈里斯（Rolf Harris）公布了他所画的伊丽莎白二世女王肖像，公众的反应就与之前大相径庭。这幅画上的女王肚子上有着些许令人生慰的肉肉，整体看起来很舒服，在卢西安·弗洛伊德那一无是处的画作之后，这幅画才是英国众望所归的良作。

但是，要是伊丽莎白二世女王性格中带有半点虚荣，她也不会为充满争议的西格蒙德·弗洛伊德的孙子坐上那么久了。恰恰相反，女王的随从称，她很少会在镜前看自己，她只会在镜前检查服饰的整洁，也绝对不会花时间瞪着眼睛仔细看。"她对在镜前仔细端详自己这件事，没有什么耐心，"萨利·比德尔·史密斯这样说，"虚荣地刻意修饰与她的天性不符。"她做头发的频率是每周一次。而玛格丽特公主经常一天做两次头发。尽管女王的服饰一直很精致，但她的女家庭教师曾观察称，她真的"一点也不在乎"穿什么。从1952年起，女王从未穿过任何露乳沟的衣服，她的裙子长度也一直过膝盖。20世纪80年代流行的高垫肩，以及20世纪60年代流行的迷你裙，女王从未加身。

女王的造型一直是永不过时的，更重要的是，这象征着稳定。这也意味着女王在以永恒的方式变老。整形外科医生的手术刀从未触及过女王的面容。女王唯一接受过的所谓面部拉皮手术也只是"温莎拉皮术"，就是在外散步时将爱马仕围巾围在头上，在下巴上打个结。新闻工作者汉娜·贝茨（Hannah Betts）写道："但在女王陛下不掺杂任何虚荣的变老过程中，有种特别的美好——坦率、不做任何惭愧的解释。"自然而然地变老保证了女王经典的形象记录下了一切，让女王成为日积月累的经验和无尽的智慧所组成的活档案，避免让其落入试图用人工方式找回青春却最终成为反面教材的境地。有位摄影师曾建议王太后将其照片上的皱纹抹平，但王太后则说"我活了这么多年，不想让别人觉得我没有产生任何岁月的痕迹"。

女王的这种态度要比与她同名的都铎王朝伊丽莎白一世女王高明得多，后者在人生的最后几年躲在一张"青春的面具"下（令人遗憾地在脸上涂满了大量有毒的铅白）。然而，伊丽莎白二世认为，当人们对老化不加掩饰的时候，才有了真正不惧岁月的美。诗人马克斯·埃尔曼（Max Ehrmann）曾这样劝诫道："要留意经年的岁月带来的忠告，优雅地放手关于青春的一切。"这也是女王曾说过的，美国独立战争为美英后续的所有元首提供的深刻教训之一。1976年，女王在美国费城举行的纪念美国独立战争200周年仪式上进行演讲，其称"自己作为英王乔治三世的嫡系后裔"，美国的开国元勋们教会了英国和她自己"一个相当宝贵的经验"，具体来讲，就是"在大势已去时，找到合适的时机和方式放手"。

法则二十一：越老越美好

最近，我不会苛责自己了，我变得更加包容和满足。

比如，我知道了，人生并不只有长胖这一件事。

——约克公爵夫人 莎拉·弗格森

如果你能坚持下去，有一项王室传统是值得翘首以盼的。准确来说，要等上 100 年。从 1917 年开始，乔治五世会为英国境内 100 岁高寿的老人送上祝贺电报。那一年，有 24 位百岁老人收到了骑着自行车的邮递员送上的白金汉宫信件，上面写着："国王陛下祝愿您在余下的每一天中都能健康无虞。"在那之后，精心装饰的贺卡代替了电报，生日祝贺内容也变得现代了一些，但这项传统延续了下来。

伊丽莎白二世每年要发出超过 1000 张贺卡，这都多亏了位于怀特霍尔宫的一支"百岁人瑞团队"，他们负责追踪英国上下最年长的民众[①]。收到了这些贺卡的人们会将其视为周年庆的珍贵纪念品，这是王室在提醒他

---

① 和其余的百岁老人一样，王太后也在自己 2000 年时的百岁寿辰上收到了由邮差送来的王室问候。唯一的区别在于，这封问候信最后的署名是"莉莉贝特"，并且这封信是由王太后的侍从武官大张旗鼓地用佩剑，而不是开信刀划开的。

们，在年老时也要"为快乐而欢呼"，正如英文"周年庆"（jubilee）一词的拉丁语词根（jubilare）所显示的"欢呼"意义一样。这也彰显了女王的信念：随着年龄的增长，有着越来越多值得庆贺的事情，而非越来越少。这和现代流行文化宣传的理念完全不同。

流行文化认为，青春是"火辣的"，但衰老则不然，千禧一代们为了"赶时髦"，在他们 20 多岁时就开始注射肉毒杆菌素。当然，害怕变老并不是一件新鲜事。就连才智过人的莎士比亚也将年事已高这件事贬低为一种听天由命的悲剧，无非是逐渐丧失身体机能的过程，一种"丢掉了牙齿、视力、味觉，等等一切"的退化。迪伦·托马斯（Dylan Thomas）为老人所进行的颇有诗意的呐喊可能比这少了一些阴郁，其劝诫全世界的老人拿起他们插着网球的助步器，用力咒骂这即将到来的黑暗，即"怒斥吧，怒斥光明的消逝"。

要想知道女王对这样阴郁的展望持何种态度，不妨想一想 T.S.艾略特（T. S. Eliot）那次来白金汉宫对自己所作的《荒原》这首阴郁的诗进行朗诵时女王的反应。一边，艾略特不断讲着有关岁月和毁灭的事，而另一边，伊丽莎白二世则"咯咯地笑出了声"。女王的人生轨迹证明了这样固化的观念是错误的。女王并没有在年老的重压下变得日渐低迷，没有随着年岁流逝而变得顽固和闷闷不乐。她变得更加无忧无虑，更加充满了生气，更加自由地做着、说着和享受着一切，而中年时的她不会允许自己这样做。女王在自己的 70 多岁接近尾声时真正地"达到了生命的绽放"，传记作家萨利·比德尔·史密斯这样写道。其记录下了女王在 2003 年时，曾因为要去伦敦的一个夜总会参加生日派对而感到兴奋，这是她在 20 多岁以后再也没有做过的事情。"我从没见过任何人像女王一样如此享受。"当时在场的一位参加者这样说。

第二天，伊丽莎白二世也将这一切告诉了圣奥尔本斯修道院的主任牧师，她看到了另一位参加聚会的客人，高兴地和牧师讲"他和我昨晚一起在夜总会里待到了一点半"。就在同一年，伊丽莎白二世在圣詹姆士官为掷弹兵近卫团的一群士兵举办了一场晚宴聚会，士兵们当时吵闹地为伊丽莎白二世讲着笑话。这些噪音传到了女王的审计官马尔科姆·罗斯（Malcolm Ross）的耳朵里，他的私人公寓正好就在宴会厅的上面。马尔科姆打电话投诉了这种夜间扰民的行为，根本不知道是自己的老板正在楼下进行着大部分的嬉闹。当他的投诉传到女王这里时，她回应道："哦，叫马尔科姆别犯傻了。"

在这方面，伊丽莎白二世变得愈发像自己的母亲，从各方面来讲，王太后简直是为高龄而生的。"80岁以后，一切都变得更有意思了，"王太后总爱这样讲，"我才刚刚发觉自己的喜好……这真的令人十分兴奋。"随着岁月的流逝，她发现了未曾开发的力量源泉，让她那个年代女性平均寿命为49岁的现实变得无关紧要。1980年，她惊讶于自己居然能够轻松穿过弗罗格莫尔庄园外一片崎岖不平的土地，她给伊丽莎白二世写信称："我经常会以为自己会感到疲倦，像老奶奶和老爷爷一样开始走下坡路！但神奇的是，79岁的我并不觉得比28岁时有任何吃力！！"她在心理上也放松了很多。她对人生的放松态度简直就像个大一新生一样。

最能说明这一点的事情是，有一晚，王太后的前侍从武官杰米·劳瑟－平克顿（Jamie Lowther-Pinkerton）邀请客人们回到自己在克拉伦斯官（免费酒精饮料的绿洲）的屋子里继续他的婚前派对，完全忘记了当时已经80多岁的王太后还住在这里，她第二天还要早起出席英国皇家军队阅兵仪式。平克顿回忆道，第二天早上，"王太后的私人秘书阴沉地瞪了我一眼"，但当我帮助王太后上马车时，她只是简单问道："'杰米，你昨晚是不是在这儿开派对了？'我盯着自己的靴子咕哝道：'十分抱歉，夫人。希望我们没有惊扰到您。'但我知道我们肯定打扰到她了。'我真高兴这片场地派上了用场。'王太后一边高兴地说，一边跳上了马车。"

历史学家露西·沃斯利认为，尽管维多利亚女王身体状况变得不稳定，体重也有所增加，但她也"在年老时成为最好的自己"。当初那个年轻的、光彩照人的维多利亚女王也许会在今天获得超多关注，但"只有在成熟之后，她才终于走出了自己丈夫那盛气凌人的阴影，显露出一些蛮横和古怪，以及特别的出色"，沃斯利这样说。另一位"老来俏"是乔治三世，在他刚刚开始统治国家时，曾被广泛戏谑为来自德国的舶来品，后来当其活到当时罕见的 81 岁高龄时（即便他有躁郁症缠身），则获得了空前的尊重。查尔斯王子在 70 多岁时，虽变得称不上是人见人爱，但也绝对比之前讨喜了很多。卡米拉也在迅速地获得人气。时间能掩盖各种不端行径。"随着君主不断变老，英国整体对其的好感一般也会上升。"杰里米·帕克斯曼这样说。

*

认为年老就意味着大势已去，意味着整体幸福感不可避免地减退这一想法，其实是毫无根据的。社会科学家们一次又一次地发现，与人们一般认为的不同，世界上那些最快乐、最满足的人群并非处于 20 多岁的年轻人，而是 80 多岁的老人。这种现象目前被称为"人生 U 形弯"，其显示：大多数人一般会在年轻时经历人生"最高点"，随后在中年时期出现下滑和停滞，而在 70 多岁时又开始走上了个人幸福的上坡路，这种不断上升的内心幸福感会一直延续到其 80 岁及以上。

目前的一种说法是，在对人生的享受程度方面，处于 82 岁到 85 岁年龄段的人群一直高于 18 岁的年轻人。这种"U 形"规律在全球普遍存在，无论是西欧、东欧，北美、南美，还是亚洲，都是如此。但有一个耐人寻味的前提：必须要对其相信。要像王太后一样相信，人生确实会在 80 岁之后变得更美好。那些对年老持有负面看法的人们，认为年老就是人生在不断衰退，一般会让这一自我应验的预言成真。耶鲁大学进行的纵向研究显示，比起那些对年老有着积极看法的人们，那些害怕变老的年轻人认为，随着年龄的增长，生活质量会下降，他们会变得愈发不中用，这些人患严重心脏病、记忆障碍的风险更大，寿命更短。那些仅仅对年老抱有不同看法的人们，会获得额外 7 年半的预期寿命，这着实令人惊叹。

这在英国王室中表现得极为明显，王室成员们对这类事情有着不明说的规矩。也就是字面上的意思，对于变老这件事的负面说法和抱怨，都是不予讨论的。他们在对待年事已高后随之而来的小病痛，也是如此。除非这些病痛对生活和身体产生了实质的威胁，不然基本上都会被无视。在温莎王室看来，疑病症患者和总是吵着小病小痛的人们都是可憎的。

要说女王一直以来为什么"能保持活力四射以及身体健康"，传记作家卡萝丽·埃里克森说："部分是因为她对疾病持不容忍政策。在她的世界中，不允许出现疾病，自己生病或是他人生病都不可以。疾病都被尽可能地忽视了。"偶尔患上感冒，也最多被视为一种小小的不便。"她的理念是，只要继续工作，感冒就会好。"女王的一位亲戚这样解释道。如果遇到无法忽视的身体抱恙情况，比如王太后有一次需要动手术取出卡在嗓子中的鱼骨，温莎王室的反应都是混杂了轻佻和漫不经心，他们认为这才是正确的反应。王太后根本没把自己的喉咙手术当回事，她（作为一个钓鱼爱好者）只是淡淡地表示："钓了这么多年的鱼，这些鱼终于报复上门了。"

类似的情况是，有次王太后因为严重缺铁性贫血，所以需要接受输血，查尔斯王子决定奉上一句打趣的祝贺语："看到陛下铁一般的体格能够全方位地补铁……甚好甚好。"伊丽莎白二世女王在 45 岁时才起水痘，她同意进行隔离，但坚持要将其称为"荒唐的小病"。女王太擅长将偶有的身体抱恙不当回事，这已经成为她不可忽视的特质，彼得·摩根将下面的这段对话放在了自己所写的与王室有关的戏剧《女王召见》中。在伊丽莎白二世犯了一个不像她该犯的错误后，前首相约翰·梅杰（错误地）用病痛为女王开脱：

> 梅杰：你当天感觉不舒服。
>
> 伊丽莎白二世：我说的话太过分了。我的行为太过分了。
>
> 梅杰：你当时患有流感。
>
> 伊丽莎白二世：我越界了，这是不可原谅的。
>
> 梅杰：你当时发烧了。
>
> 伊丽莎白二世：是感冒。
>
> 梅杰：是流感，侍从武官说得很清楚……
>
> 伊丽莎白二世：是感冒！！

毫无疑问，这一习惯背后是斯多葛主义在起作用，但与此同时，这也是那代人共有的特点。温莎王室将那个曾经也认同这些话语的时代封存了下来，回忆录作者弗洛拉·汤普森（Flora Thompson）回忆起了儿时的那个英国，她在 20 世纪 30 年代后半期写道："当时的人们并不会预期疾病的到来，当时也没有像现在一样，有这么多专利药品广告提醒着人们寻找与自身相符的病症和小病小痛。"对王太后来说，就连阿司匹林都被认为"是一种危险的药品"，王太后的外甥女玛格丽特·罗兹这样说："她认为，要想治好重感冒，就要在崎岖不平的路上迎着冷风精神焕发地走上一会儿。而这屡试不爽！"王太后自己也会这样对朋友们劝道："只要对病痛不理不睬，它们就会自行消失①。"这种态度让她在老年病面前变得恢复力惊人。王太后在90多岁时曾接受过两次髋关节置换手术，在百岁高龄时则因为摔跤而损伤了自己的锁骨，媒体一直都惊讶于王太后的术后恢复速度。王太后只要经过短短数周的恢复，就能重新下床，履行自己的王室职责。"她似乎是无坚不摧的。"王室传记作者布莱恩·霍伊这样说。

王太后可比玛格丽特公主结实多了，后者在自己60岁后期固执地选择坐在轮椅上（她在洗热水澡时严重烫伤了自己的脚后就如此了）。事故发生一年多以后，玛格丽特公主依然丝毫没有想要进行自主活动的意愿。她所显露的早衰实在令人尴尬，在自己母亲百岁寿辰庆典上，玛格丽特公主立刻征用了本是为年长自己30岁的母亲准备的轮椅。"起来！这是给妈妈准备的！"有人听到伊丽莎白二世当时这样说，可能最令她气恼的是，玛格丽特公主似乎过早地让自己的身体进入了罢工状态。两年之后，玛格丽特公主就去世了。

*

全凭意志力让自己长寿，也许没有听上去那样离谱。实际上，这可能正是一种终极安慰剂。丹·比特纳在全球范围内所做的长寿研究，特意涉

---

① 所有的疑病症患者应该吸取的教训是：挪威的一项大型研究显示，从长期来看，太过纠结于自己身体的潜在病症，可能真的会让病情加重。在对7000多个对象进行的"健康焦虑"程度研究结果发现，比起那些不把偶尔出现的疼痛当回事的人们，担心自己身体状况的人，其患上心脏病的概率会增加70%之多。

及了乐观对 90 岁及以上的长寿老人所起的作用，研究发现，"认为自己能活得更长久的人，确实会更长寿"。另一方面，在全球的长寿人群中，明显不会找到牢骚满腹的人。波士顿大学医学院最近所做的一项研究证实了这一发现，比起脾气不好的人，乐观的人更有可能"活得更长久"。可以想一想王太后在晚年成功病愈恢复后那欢欣鼓舞的宣告："我会活到 100 岁。"她最后超出了自己的目标近两年①。

王太后的衣着就显示出这种不服输的乐观劲儿。她的服饰一般是淡雅柔和的粉色、蓝色或紫色，反映出她是以温柔的视角看待变老这件事的。王太后的外部服饰显示出查尔斯王子所说的她"对生活洋溢的热情"。同样，伊丽莎白二世的服饰也能显示出她是一个怎样的人。在位期间的后半程，她自然而然地倾向穿颜色更鲜亮的服饰，会选择类似水仙黄、小蔓长春花的青紫色、酸橙绿和丁香紫这样有活力的颜色。表面上，这能让女王在人群中更显眼一些，确实，但维多利亚女王即便穿着她那身过时的黑连衣裙也同样引人注目。"好莱坞的女王"伊丽莎白·泰勒在这方面有着一套耐人寻味的看法。她认为，随着人们逐渐变老，人们的外在会反映其内在精神。她说："人在年轻时，单纯靠肉体上的美就够了，但随着岁数的增加，一个人的本性将会影响其外在观感。平静而美好的性格会让皱纹消失，让四

---

① 王室家族之所以历来相信顺势疗法，可能就是因为积极的念头有功效。简单来说，顺势疗法就是通过摄入极为稀释的天然物质，让人在正常状态下引发疾病，从而使治疗疾病的方法，一般只能起到安慰剂的效果。从维多利亚女王时期开始，温莎王室成员们就对其深信不疑。伊丽莎白二世女王会尽可能地先用自然补剂进行治疗，然后才会改为服用更常见的药品。比如，她会用在莫尔文水里高度稀释的砒霜酊剂这种顺势疗法治疗自己的鼻窦感染。白金汉宫一直常备山金车药片和药膏，以防有人出现跌打损伤。此外还有治疗高血压的山楂，以及治疗嗓子痛的颠茄。女王也同样相信更为正统的医师，遇到严重的病情，绝不会以同样方式对待。当她听说自己的某位马夫得了脑瘤后，她立刻安排了切除手术，这救了马夫一命。

陷的脸颊变得平滑。但即便是最完美的外貌，也会被自私而冷酷的性格消磨无踪。"如果事实果真如此，那女王确实在优雅地变老。年岁渐长的她有着更多的微笑，与之前相比，"变得更加温暖、更加平易近人、更加放松"。萨利·比德尔·史密斯这样说。

＊

　　女王大可以选择另一种更为阴沉严肃的状态，在经年累月中变得顽固僵化，她的家族里那些老了以后总爱抱怨的人选的就是这条路，比如乔治五世。虽然他首创了为百岁老人寄送生辰贺卡的传统，但他个人的变老方式则没有什么可庆贺的。与其说他是成熟了，不如说他是腐朽了，乔治五世成了一个脾气暴躁的老头，没有几个人愿意和他待在一起，就连他最喜爱的孙女莉莉贝特也不例外。

　　玛格丽特公主也曾面对过愈发被人嫌弃的局面。随着年龄增大，她退步到了令人特别恼火的幼稚状态，她的丈夫在家里放了各种写着恶毒言语的字条，就等着让她发现，包括那篇令人过目难忘的《我恨你的24个理由》。她的悲剧之一在于，总是无法接受自己所处的年龄。在玛格丽特公主还小时，每当伊丽莎白二世参加一些她无法参加的活动，她总会抱怨道："我生得太迟了。"而在成年之后，她又会埋怨自己生得太早了。她极力地纠正这种错位感，却总是大错特错：她有时会和懵懂的年轻男性来往，有时又会喝太多威士忌酒，但主要还是有着青春期式的焦虑行为——"变得越来越喜怒无常，一会儿阴晴不定，一会儿暴躁易怒，就像一个行为乖戾的孩子。"卡萝丽·埃里克森这样说。玛格丽特公主从未珍惜过自己拥有的一切。

　　只有懂得感恩，才能达成人生 U 型弯。王太后治愈闷闷不乐的有效方

212

法就是"常怀感恩之心"！这是她的一贯作风，以至于在威廉·肖克罗斯将其个人信件整理出版时，书名都是不言自明的《常怀感恩之心》。感恩的态度让王太后能活在当下，让她可以在最微不足道的生活琐事中找到快乐。她在自己 101 岁的生日上收到过一套很大的浴巾，对于一个拥有一切的女人来说，这个礼物可谓过于普通了，但她对送礼的人夸赞了这份礼物"如此美好"，她终于能将整个身体都包裹在毛茸茸的浴巾里了。"她能将最无趣的场合变成一场派对。"玛格丽特·罗兹这样回忆道，证实了《泰晤士报》的一篇报道所写的内容。报道称，王太后在参加无聊的慈善活动时，或在"进行奠基仪式时，每次都像是发现了愉快度过下午的新方式"。她的一生印证了曾在英国风靡一时的口号：

生活并非尽善尽美，

但这就是眼前的生活；

好好生活吧；

在帽子上插一朵花，

保持快乐。

当然，你也可以不这样做。不过就像王太后总爱指出的那样："搞不好明天你就会被一辆红色公交车撞死①！"

---

① 遗憾的是，最能证实这一点的是另一位"好莱坞的女王"——玛丽莲·梦露（Marilyn Monroe）。梦露在自己 36 岁时，曾因为即将迎来 40 岁大关而无比惊恐，每当她在化妆间发现脸上多了一条几乎无法察觉的新皱纹时，她总会泪流满面。"这些皱纹让她感到特别沮丧！"梦露的发型师悉尼·吉拉罗夫（Sydney Guilaroff）这样回忆道。其在梦露逝世前三天还曾试图打消她对年龄的恐惧，宽慰她道："你看上去很好。"

法则二十二：包容更多

快乐……既不是一种品德，也不是一种消遣，无他，只是单纯的成长罢了。我们在成长时，会感到快乐。

——约翰·巴特勒·叶芝（John Butler Yeats）

要是没有这些年老的人做向导，未来的君主们会怎样呢？亚瑟王有梅林做导师；伊丽莎白二世有亨利·马滕（Henry Marten）做导师。亨利·马滕当时66岁，他性情古怪，是伊顿公学的副教务长，他会紧张地把手帕放在嘴里，会在书房里养一只渡鸦做宠物，还会偷偷从口袋里拿出糖块来啃。

要教会一个13岁的少女具体怎样做女王，马滕似乎是个不可能的人选。他有时会心不在焉，忘记了自己正在对着一个女孩说话，而不是在对着一屋的伊顿公学男生说话，有时，他会将伊丽莎白二世称为"先生"。但亨利·马滕从1938年起对伊丽莎白二世传授的知识让她在接下来的几十年间十分受用。伊丽莎白二世每周会去两次他在伊顿公学的书房，而堆在地上的众多书籍就像洞穴里的石笋一样拔地而起。在那里，悠长的英国王室历史在她眼前展开。

用较为肤浅的眼光看，就像是《诸如1066》（几年前所出版的历史漫画书）这本书所描绘的一样，其将王室历史视为由"好的"和"坏的"所混杂在一起的大杂烩。但亨利·马滕并不这样看。变化才是历史唯一不变的主题，他认为，英国王室之所以能够生存下来，最大的秘诀之一就是能够适应变化。这就是英国宪法历史基础课。适应了变化的国王和女王都是"好的"，而那些墨守成规的国王和女王则不是。伊丽莎白二世女王的统治也别无二致。如果她能够成功，则既能保持王室的传统，又能让王权包容下一个不断变化的世界。这也被称为"王权的马麦酱理论"。

在新的千禧年前夕，女王的私人秘书罗宾·让夫兰（Robin Janvrin）创造了这一词语，灵感就来源于在英国人的厨房里经常能发现的马麦酱，这已经有上百年的历史了。这种发酵的咸酱糊（或称涂抹食品的酱类、罐子里的焦油，以及最好别问了）似乎经历了几代人，依旧未变。在大多数人看来，现在的马麦酱依然贴着那熟悉的红绿黄标签，看起来和自己的祖父辈们当时买的一模一样。但实际上，马麦酱的包装罐已经随着时间的流逝有了巨大的改观，这是一种市场营销的神奇手段，其会在数年间进行缓慢而不易察觉的改变。一直以来，马麦酱的罐子都在进行着逐步改良，同时也避免了抹掉顾客们所熟悉的那种感觉。

而为了生存，"英国王室也需要以同样的方式进行改变，"传记作家萨利·比德尔·史密斯这样说，"随着时间的流逝，循序渐进，以较小的程度变化，而非巨大的变革，王权在调试的过程中保持了稳定，这能安抚民心。"英国民众依旧倾向让王室家族保持不变，不错，但民众们也不希望王室成员像被封存了一样一成不变。自那民意沸腾的大宪章时期之后，平衡两者可谓成了每位君王最棘手的任务。伊丽莎白二世不仅令人钦佩地做到了，她所进行的变化规模也比历任君王大得多。

*

　　1957年，一位名叫约翰·格里格（John Grigg）的籍籍无名杂志编辑发表了一篇即将产生轰动的文章，文章题为《如今的君主制》，列出了他认为君主制应在 20 世纪进行的现代化改造意见。就格里格所见，这一古老的体制要想与时俱进，唯一的方法就是在民众前变得更加平等和开放。在伊丽莎白二世降生的那个世界里，除非卸下君主的重担，否则英国的国王和女王不会经常微笑，但这已经不再适用于一个更加民主的世界了。格里格可不是什么温顺的家伙（他胆敢称女王说话的声音听起来就像是个"一本正经的女学生"），于是他的分析受到了广泛的谴责，被认为是一个脑子不清楚的激进分子所说的胡言乱语①。

　　英国的君主制就像是基于一位苏格兰族长进行的部落魔法，她不会过多地走出自己的王室小屋，也肯定不会让寻常百姓进入小屋。在这样的体制面前，格里格提出的让普通民众更加贴近女王生活、"淡化阶级感"的建议，似乎都前卫得令人震惊了。真正令人震惊的是，伊丽莎白二世仔细聆听了这些建议，对格里格的建议照单全收，称其为"忠心而富有建设性的谏言"，并将其基本上所有好心的建议逐渐付诸实际，甚至还做了更多。

　　伊丽莎白二世女王是首位将白金汉宫神圣的内部空间开放给世界的君主，首先，她将圣诞节致辞从隐藏在无线电波后的广播形式变成了电

---

　　①　格里格从媒体那里被打了象征性的耳光，也从菲利普·金霍恩·伯比奇（Philip Kinghorn Burbidge）那里被打了真正的耳光。"我觉得这需要一个真正的英国人来表现愤恨了。"伯比奇这样说。其当时是个 64 岁的退伍老兵，也是一名坚定的保皇派。伯比奇在伦敦的街上找到了格里格，有力地甩了他一巴掌，说道："这是替大英帝国保皇派联盟赏你的！"这真是一句了不起的台词。

视直播形式，然后，又允许英国广播公司的摄制组们捕捉温莎王室成员在家时的状态。1969 年完成的《英国王室家庭》纪录片里，包含了在巴尔莫勒尔堡进行雅致的户外烧烤的画面，以及女王远足去乡间小店为爱德华王子买糖果的画面，这看起来似乎和同年的月球登陆事件一样激进和富有未来感，传记作者罗伯特·哈德曼（Robert Hardman）这样说。

女王决定废除季度性的上层人士盛典这一具有历史意义的举动也是如此。这一活动之前是在白金汉宫所举行的贵族名媛集会（一部分是到了适婚年龄的年轻小姐们穿着丝绸白裙炫耀的场合，一部分是搜寻乘龙快婿的开放季），从乔治三世时期开始，这一活动每年都会举办。取而代之的是，伊丽莎白二世女王开创了更具包容性的夏季游园会，欢迎几千名来自社会各界的人士进入白金汉宫。在伊丽莎白二世统治时期，曾经严格的屈膝礼和鞠躬礼也同样被放宽了。女王的说话风格也与儿时不一样了。女王那字正腔圆的发音以及她"一本正经的女学生"腔调逐渐抛弃了贵族的味道，随着时间的流逝变得更加顺耳圆滑，也更加亲民。

最重要的是，"女王经历了沧海桑田的变化"，而这些都是她无力掌控的，政评家安德鲁·玛尔这样说。意见各异的媒体被一群爱打听的、哗众取宠的人替代；自己父王在任时期那个庞大的帝国变成了分散的英联邦；支持王权的议会变成了一群虚伪且挥霍无度的人们，如果他们想，甚至会质疑女王用来擤鼻涕的纸巾花费了多少。在如此多的变化下，经常有人会说，如果历史上两个著名的乔治（乔治三世和乔治·华盛顿）重回人间，乔治三世肯定会对在白金汉宫所发生的巨变无所适从，而乔治·华盛顿则会在白宫觉得无比惬意。

讽刺的是，比起英国的最高职位，以进步著称的美国，其最高职位的

变化则少得多了 ①。这种巨变不仅仅出现在了伊丽莎白二世的生命里，而且是出现在其生命的后半程——这本应是最难接受改变的一段时期。"然而奇异的是，"安德鲁·玛尔说，"女王经历过这些变化后，并没有受到影响和削弱，反而变得更强大了。"可以说，她之所以能够应对自如，是因为她的变老过程也遵循了马麦酱理论。

*

伊丽莎白二世女王从来没有停止过学习，也一直会听取批评，乐于接受新的体验。"变化已经成为常态，"她在 2002 年自己登基 50 周年纪念仪式上这样评论道，"应变成了一项不断拓展的锻炼。我们迎接变化的方式决定着我们的未来。"女王也喜欢自己的日常惯例，想让自己的每一年都以可预料的方式展开，但她也曾见识过王室落入一成不变的生活方式，从而变得志得意满后的下场。她的祖父乔治五世就特别害怕第一次世界大战之后席卷英国的社会和政治变化，因此他将自己封存浸入了儿时，也就是维多利亚期的宫廷生活，发起了一场"自身对 20 世纪的战争"，乔治五世的大儿子爱德华八世这样说。女人涂指甲，玩爵士音乐，理着像男孩一样的发型，于他来说，这就像是自己心爱的椅子或发梳被放错了位置一样，令人感到混乱。他"对于变化的厌恶简直是病态的，"传记作家莎拉·布

---

① 乔治三世也会在现今的美国白宫总统办公室感到更加惬意，美国总统的行政管理权效仿的是 18 世纪的英国王权，此外还附加了更多行政管理权。"我们选出的是一个任期 4 年的国王，"亚伯拉罕·林肯（Abraham Lincoln）总统那届的国务卿这样说道，"给予总统的是附带一定限制的绝对权力，最终任由其随意解读。"言之真切，莫过于此。

莱德福德这样写道，"要是女佣偶然把一件家具移开了之前常放的位置，他暴躁的脾气就会被点燃。"他肯定不会像伊丽莎白二世一样如此轻易就接受"各项改革"——缴税、进行史无前例的预算削减、用社交媒体与自己的臣民们保持联系、造访清真寺和印度教寺庙、在英格兰圣公会中任命女性为神职人员，以及急剧削减英国军队规模。

王太后曾经觉得难以接受宫廷中最细微的现代化改变，比如，让宫廷男仆们摘下假发，抛弃由人亲手奉上的信息，改为更先进的内部通话系统，她对此都牢骚满腹。而伊丽莎白二世则随着年龄的增长保持了了不起的"可塑性"，借用神经科学的术语可以这样讲。她不停地变形、拉伸、扩展自己的思维，从而适应新的想法和新的思维方式，就像她自己所说的那样，"多年来加速进行适应"。儿童的大脑之所以如此灵活，全靠神经可塑性，这也是成功变老的标志。灵活的大脑能够保持鲜活状态 [1]。经年累月下来，女王对变化和批评都优雅地采纳，这让她的思维保持了灵活状态，她已经不会落入那种最差的田地了。

女王果断拒绝在年老后退位，这存在一个前提条件。她曾对自己的表姐玛格丽特·罗兹说，"除非得了阿尔茨海默病或中风"，她是不会提前退位的，如果真出现这种情况，查尔斯王子则会代行母亲的职责（in loco parentis），成为摄政王，进行合乎宪法的摄政统治，让女王默默进入半

---

① 人们一般认为，成年人的大脑已经完全"固化"了下来，到了一定年龄之后无法改变，但有医学研究证明，这一看法是错误的，这成为近几年来最鼓舞人心的医学研究之一。实际上，即便在年老时，学习新的技能也能"重塑"大脑的神经通路。1996年的一个事例有力证明了这一点，当时已经98岁高龄的乔治·道森（George Dawson）十分乐观，他决定弥补数十年来的遗憾——由于儿时家庭贫困，他在得克萨斯州的乡下没办法接受教育。一开始，他甚至都没办法读下来字母表，但他还是重返校园，在101岁时成为优秀学生，很快他便写出了一本讲述整个经历的畅销书，书名叫作《生活真美好》。

退休状态。

理论上来讲，这一历史惯例是由乔治三世开创的，他在年老后开始变得神志不清，做出了一些并不体面的事情，据说，他曾在温莎公园里和一棵橡树握手，还以为对面是普鲁士国王。为此，乔治三世民意不佳的儿子做了9年摄政王，回忆起这段时期，人们想起的大多是简·奥斯汀（Jane Austen）笔下的浪漫小说，而不是由于乔治三世认知能力减退所造成的宪政危机。

摄政统治并不浪漫，只是一件不得已的事情。幸运的是，有伊丽莎白二世在，就不会出现新的摄政时期。就像女王的母亲曾说的那样，她打从娘胎起，就"异常机敏"，并且有韧劲地保持了下去。

*

就像不断演变的马麦酱罐子一样，女王也在几十年间不易察觉地提升着自己的头脑，在休息时尤为如此，这是她从祖母那里学到的习惯。

玛丽王后从来不会进行传统意义上的"休息"，她更青睐克鲁勋爵的观点，即"休闲的最佳方式就是换种劳动来做"。对于玛丽王后来说，休息意味着要进行阅读，或是由宫廷女侍念书给她听，为了自己的肖像画而连坐几小时的时候，她就更要听人念书了。为玛丽王后作传的作家詹姆斯·蒲柏-亨尼西这样说，休闲"于她意味着要利用自己的头脑，提升自己的思维"。伊丽莎白二世也有同感。女王很少会看电视，她更喜欢听广播，她也喜欢在自己并没有多少的休闲时间里做最爱的益智游戏——填字游戏。她每天会做完《每日电讯报》上的两个字谜（不会使用同义词词典，她说用词典是作弊行为），有传闻说，她会在手提包里随时放上几份字谜以备不时之需。

据说，她能在短短 4 分钟内快速做完《泰晤士报》的字谜。在度假时，女王会做特别大的拼图游戏，进一步锻炼自己的头脑。这些拼图游戏有时会达到 1 万块之多，对王室成员来说，冬天在桑德林汉姆庄园铺着粗呢布的圆桌上摆放拼图游戏，就像摆放圣诞树一样不可或缺。

几年前，新闻工作者杰里米·帕克斯曼曾在桑德林汉姆庄园试图完成这个环环相扣的难题，最后却发现这是"不可能"的任务——"拼图块全是深绿色或黑色，也没有附带的拼图盒盖，甚至都不知道最终拼成的图形是怎样的。"他承认道，尽管与其他人"一起绞尽脑汁"，但他在临走前也只是"拼出了大约 20 块拼图"。也许这个时候提醒帕克斯曼这件事有些不合时宜，但有人看到过女王曾背对着桌子，边与宾客谈话边完成了拼图 ①。

伊丽莎白二世有着如此倾向益智游戏的大脑，她在战时精通于汽车修理这项作为公主不太可能具备的技能。在 18 岁时，她和其他同龄人一样，也参与到了反抗希特勒的斗争中，在英国辅助领土服务部门接受训练，穿着满是油污的连体裤工作服，打开卡车的发动机罩，摆弄着谜一般的复杂引擎。直到今天，她依然保留了这项技能，据说她依旧能闭着眼更换汽化器。

伊丽莎白二世的表姐玛格丽特·罗兹认为，她基本上也是这样循序渐进地学会了如何面对王权这台"引擎"。女王同时要为很多事情操心——国家的各项事务、招待外国的达官显贵、家务事，她必须"让大脑分门别类，准备出多种空间"，"她可以在表现得异常高兴的同时，另一部分大脑在

---

① 能让思维保持敏捷的，不仅仅是益智游戏。所有解决问题类的练习都能减缓和防止认知能力的退化，而益智游戏，尤其是字谜游戏，确实能挖掘大脑某关键部分的潜力。文字游戏和谜语都是"预示系统性知识的重要标志"，心理学家米哈里·契克森米哈赖这样说，"在一些最为古老的文化中，部落中的年长者们会进行一种竞赛，一个人会唱出含有隐喻的歌谣，而另一个人则要解读出蕴含在歌中的意义。"

想着有关宪制的问题",罗兹说道。

　　据说,女王也喜欢侦探故事和打哑谜,这可能都源自她对益智游戏的喜爱。更重要的是,益智游戏似乎特别有助于让她的大脑在年老时也能保持异常好学的状态,这种重要的大脑机能一般会随着人们年龄增大而退化。女王的职责之一,就是要不断对首相提问,对内阁官员发问,对鸡尾酒会上的贵宾询问,在出巡时还要对普通民众嘘寒问暖。但在伊丽莎白二世的问题中,经常饱含着对生活近乎孩童般的真挚好奇心,不仅仅是媒体所称的她那两个单调乏味的问题:"你是从很远的地方来的吗?"以及"你是做什么的?"比如,2002年,她在参观一家医院时,曾对一帮医学生们提出了一个精彩的问题——"人的耳朵里为什么会有耳垢呢?"没有一个实习医生能答得上来。

　　尽管女王没有大学文凭,但这从未阻碍她保持学习。实际上,这可能还加速了女王的学习。不乏在学术上自命不凡的人曾对女王不算高的学历进行过贬损。网飞剧集《王冠》的作者彼得·摩根就曾搬出过那套陈词滥调,将女王描述成了一个"才智有限的乡下女人"。拜托,每个人的才能在某些方面都是有限的。但是,伊丽莎白二世要是因此有着长期提升自我的意图,这从长远看来是对其百利无一害的,引用托尼·布莱尔的话说,让她"在观察世界时变得特别机敏和富有洞察力"。女王有着超强的记忆力,也有着迅速吸收信息和审阅政府文件的能力,甚至超过了红色文件匣被呈上来的速度,英国工党前外交大臣戴维·欧文勋爵深信,伊丽莎白二世"如果去上大学,成绩一定名列前茅,我对此毫不怀疑"。

　　几乎没有知识分子能够摆平女王的这份工作。他们也不可能像伊丽莎白二世一样记下如此多的政治、社会、文化细节,在这样大的年纪尤为不可能,这些知识都是她需要储备的,从而能让年轻的首相们在需要时咨询她这个活信息库。他们也不可能像女王一样一次又一次地让英国民众为她超强的记忆力而惊叹……

1953年，南希·伯恩（Nancy Byrne）只是位于新西兰帕默斯顿的达尼丁女士铜管乐队的普通一员，这个乐队和其余数百个乐队都在女王的首次英联邦巡回访问中进行了表演。37年后，在新西兰所举办的一次游园会上，南希·伯恩再一次面见了女王，不过她并没有期待女王表现出任何回忆起来的表情。但南希回忆道："受到此情此景的震撼，有位旁人对女王脱口而出：'哦，您上次来帕默斯顿的时候，南希见过您。'女王看了我一眼，接着说：'女士铜管乐队。'我回答道：'没错，女士。'"就是这样的会面让王权变得无比有人情味。而女王有着如此惊人的记忆力，这对于查尔斯王子来说，则消除了他在短时间内成为摄政王的任何概率。按简·奥斯汀的话来说，就是：先生，您的母亲心智完好。

法则二十三：活时尽兴，死时无憾

结束方才是开始。

——苏格兰女王玛丽一世

1997 年，戴安娜王妃离世，奇奇怪怪的反应多了去了，但要说最古怪的，还是英国广播公司的快速响应。他们似乎是提前做了准备。英国公众们还没来得及学会读巴黎萨伯特慈善医院的法语名称"Pitié-Salpêtrière"，也就是戴安娜王妃离世的那个医院，英国广播公司的主持们就已经播出了精心打磨的王室专家访谈，用庄严的声音宣布了这件不幸的事情，推出了戴安娜王妃精简的生平小传，中间穿插着专业剪辑的讣告视频。他们看上去就像为此提前几个月，甚至提前几年做了演练。事实也确实如此。

这并不是因为戴安娜王妃在她生命的后半程变得无比鲁莽。每位顶级的英国王室成员都有着相同的待遇。对温莎王室来说，死亡彩排是人生中不可或缺的。英国广播公司在幕后为戴安娜王妃的"意外"离世准备了很久，他们为数量众多的不测事件做好了准备，包括她在 M4 高速公路上撞车而死这一悲惨的可能。同样，王太后的离世也在新闻编辑部预演了好几年，一般都是假定王太后会因为鱼骨卡住了喉咙而窒息死亡①。

针对即将离世的王室成员们，英国广播公司可谓做了万全的准备。英国甚至备有"无线电警报传输系统"（RATS，缩写直译有"老鼠"等多层负面含义）——冷战时期的紧急警报系统，就像其简称所暗示的不祥感一样，这一系统只等某个"王室成员快要断气时"，通告更多媒体。

王太后的葬礼连续准备了22年。玛格丽特公主最后的审判之日也曾被无限微调。"我总是在调整自己的葬礼安排。"她曾对朋友这样讲。维多利亚女王差不多提前30年就选好了自己的陪葬品。温斯顿·丘吉尔基本算是无王室血缘关系的王室一员了，他组建了一个31人的委员会，提前6年讨论他的葬礼事宜，他们将其代号为"期望不至于此行动"。这个代号在温莎王室看来过于直白了，他们为自己的离世选择了更为隐晦的代号名称。取材于整个英国的桥梁名称，王太后的葬礼代号为"泰河桥行动"，菲利普亲王的葬礼代号为"福斯桥"，查尔斯王子是"梅奈桥"，伊丽莎白二世则是"伦敦桥"。如今，"福斯桥倒了""伦敦桥也倒了"。

*

对普通民众来说，在活人之间谈论死亡，这听起来异常毛骨悚然，借用王太后最爱的形容词来说，甚至是极其"野蛮残忍的"。确实，此时此

---

① 事实上，王太后走得特别安详。2002年，在复活节那周的周六，她死在了位于温莎皇家别墅的卧室里。咳嗽和胸腔感染（以及一个月前玛格丽特公主突然离世的消息让她心碎不已），这对她的身体产生了不可逆的影响。不过，她在离世前有足够的时间和朋友们告别，也送出了一些临别礼物。王太后的临别赠言说到了伊丽莎白二世的心里，当时，伊丽莎白二世就坐在壁炉旁，随着王太后的牧师轻柔地为她做祷告，她咽下了最后一口气。享年101岁零238天。

地才是我们应该所思所想的，而不是一些离我们还很遥远的大日子。就像另一半的某些亲戚那令人害怕的到访一样，虽然到头来不可避免，但我们还是尽量不去想。

我们在谈论死亡时的语言，也变得愈发婉转。之前，墓地是乡村生活里无法避免的存在，现在的墓地都被重新命名为"陵园"，被迁移到了城市和乡镇最人迹罕至的边界处，就连墓碑也改头换面，成了无伤大雅的"标记"。垂死之人也被外包到了医院，这样就没有那么麻烦了。之前，骨灰盒都是被放在家里客厅某个熟悉的小角落里，而现在则被放在专业的殡仪馆里，由萍水相逢的陌生人仔细摆放，与人们保持了一定的舒服的距离。我们愈发擅长对丧钟鸣响的声音充耳不闻，超过一半的美国成年人都迟迟不肯敲定自己的临终遗嘱细节。准确来讲，我们并不害怕死亡，正如伍迪·艾伦（Woody Allen）认为的那样，我们只是不想目睹死亡的过程而已。

然而讽刺的是，由于我们一贯对死亡不加考虑，我们也失去了让自己活得更好的最有效方式之一。尽管死亡充满了重重迷雾，但它也是我们人生的最大长焦距透镜。死亡称得上是人生的哈勃望远镜，能穿透令人迷惑的现实，穿越日常、琐碎、与存在相关的冲突，向我们展示活着的真正意义。垂死之人（如果他们足够幸运的话）通过这一透镜看得最清楚，他们会以从未有过的清晰视角看待生活。不过，对许多人来说，这太过清晰，甚至会觉得不适。

爱德华八世在临终之际，回看了他为了追求与华里丝·辛普森承欢作乐而抛下的家人、国家、王位，终于意识到了他付出了无比惨痛的代价："枉费！枉费！枉费！"这是他说的最后几句话。伊丽莎白一世一生都喜爱累积财富，但随着死亡将近，这些财富对她失去了意义。她最想要的是更多的时间。"用我的所有换取一瞬。"她在逝世前这样恳求道。不过，很少有像法国作家西多妮－加布丽埃勒·科莱特（Sidonie-Gabrielle Colette）的临终遗憾那样让人感到一阵阵悲凉："我的一生多么美妙！真希望我能早些意识到这一点！"

现在，问题来了，这或许是最重要的一个问题：你是否要等到生命的最后一刻，才去体验可能是你最应珍视的瞬间？女王并不这样认为。她会定期思索自己的死亡，过去的60多年间，每年两次认真思索自己的葬礼安排，正如女王的侍从们所证实的那样，这对女王来说是"有益且重要的"。正如女王自己所说，这提醒了她"要以长远的视角看待"生命，要将自己视为王室宝藏的临时管家，而非所有者，要时刻将王位和国家放得高于自己，也要在一个本身极度傲慢的位置上保持特别的谦逊①。用米歇尔·德·蒙田（Michel de Montaigne）那直白的话语来形容，死亡在提醒着伊丽莎白二世，"即使坐在世间最为尊贵的王位上，人们也只是坐在了自己的屁股上而已"。女王认为，人要想善终，是需要提前准备的。有许多人与她的想法一样。

*

和其他所有伟大的宗教一样，伊丽莎白二世的基督教信仰总在提醒着人们，只有当人们谨记生命是有限的时候，才能更充分地度过一生。"所以这教会了我们珍惜每一天，我们应全心投入，获取智慧。"赞美诗作者这样说。释迦牟尼同样认为，有关死亡的想法能让人通往更高层级的神志

---

① 女王在人世间的大多数所有物实际上都是借来的。对于伊丽莎白二世的财富预估可能被极度夸大了，因为这些财富包含了许多无价的宝物，比如镶满珠宝的王冠和权杖、皇家艺术藏品、温莎古堡和白金汉宫的房产。但这些资产由英国所有，女王在世时只是"代为保管"而已。她不可能将其卖掉，换取现款。

清醒，劝告人们"在所有的正念冥想中，有关死亡的冥想是无上的"。同样，日式艺术如果去除了对死亡的长期关注，也不可能会具有如此的美感和丰富度，这种理念被称为"物哀观"（mono no aware），即对无常的悲哀感，现实中的所有事物——一朵花、一条溪流、一束月光、一次生命，这些都是转瞬即逝的，也正因此显得弥足珍贵。

西方的艺术一度强烈地体现了这种观点。拉丁语"记住人终有一死"（Memento mori）的概念也被虔诚地融入最为出色的画作中。头骨放在了郁金香的附近，骨架则在晚餐聚会场景的阴影中出没。这些并非意在惊吓人们，或让人沮丧，而意在让艺术家和观画人觉醒，不要沉浸在长生不死的危险幻觉中。拉丁语"记住人终有一死"告诫着人们"不要忘记自己并非长生不老"。有意思的是，伊丽莎白一世唯一一幅表现这一概念的肖像画（画中的死神和时间老人像不祥的听差男孩一样，站在她这个不断衰老的女王左右）是在其去世7年后才完成的。她在世时，从来不会允许出现这样显示人生无常的提醒，她从来也容不下任何会刺破自身青春永驻幻想的东西。不过，我不禁觉得，要是荣光女王直面世事无常，可能就不会在临终前有这么多不体面的人生遗憾了。

古代的斯多葛主义者们可能会说，伊丽莎白一世需要在人生中更多地预设最坏情况（premeditatio malorum），也就是在最坏的情况到来之前，能够对其直面及冷静思索。当然，最坏的情况还是死亡本身。我们只有定期展望生命结束的时刻，才能发挥出最大的潜力。"让我们在思想上做好准备，就像我们已经来到人生终点一样，"塞涅卡这样说，"不要有任何拖延。让我们每天都将人生的账簿清算好……每天对生命做着最终修饰的人们，从来不会缺少时间。"那些无视不可避免的结果的人，表现得就像"还能再活1万年的人"，罗马皇帝马可·奥靳留警示道，有朝一日不仅会受到巨大的冲击，还很有可能会一点一点地浪费掉余下的生命，直到有一天，他们会感到无比悔恨。

斯多葛主义者认为，处理人生之书的最佳方式，就是由后向前，只有这样才能保证，万一你现在所书写的篇章就是人生的最后一章，你也能带着骄傲读下去①。

史蒂芬·柯维（Stephen Covey）继续深挖，重新发现了"怀着终点"开始的道理，将其视为"高效能人士的七个习惯"之一。柯维说，首先要知道自己想让别人如何缅怀自己，"你要保证，每天所做的一切不会违反自身设定的重要标准，要确保人生中的每一天都有助于实现人生整体目标"。其他人则将这简单地称为墓碑测试，这可谓是最令人头脑清醒的试验了。也就是说，你今日的所作所为是否就是你最终想要的墓志铭？关于你希望在自己葬礼仪式上听到的悼词，这些行为让你离这一目标更近，还是更远了？只有知道了自身想要的离世方式，才能了解自己在世时应该怎样活。没有任何人可以选择自身的"过期"时间，但我们的行动对自身的"保质期"有着超强的影响。作为全球最有效率的人之一，奥普拉·温弗瑞（Oprah Winfrey）曾指出："如果今天就是你在世的最后一天，你还会像现在一样度过余下的时间吗？"

王太后私下有着自己的墓志铭，从而帮助她获得了自己的答案。那是

---

① 现实中，女王在这方面有着双重的优势。在过去的几十年中，女王的官方传记作家从旁观察着一切，准备好了在她逝世后出版这一横跨 90 余年的传记。毫无疑问，在女王的一生中，她的最大动力就是尽可能地减少尴尬的章节。不过，我们也可以将这一动力应用于自身。研究人员称其为"自传式的推理"，也就是进行展望，构想好人生重大主题的一种能力。你现在所做的一切是否有利于形成自己理想的人生故事。如果沿途遇到陷阱，你能否在下一章中成功爬出？"一定要时刻想着自己的自传去生活，"作者玛丽莎·佩索（Marisha Pessl）这样建议道，"当然，如果没有什么华丽丽的理由，它是不会被出版的，不过这样至少会让你活得更出彩。"

借用了中世纪神秘主义诗人诺里奇的朱利安（Julian of Norwich）的一句话："一切向好，万事万物俱佳。"这成为"她的个人准则"，传记作家伊丽莎白·朗福德这样说，这主宰着王太后面对一切危机时的反应，无论是面对第二次世界大战，还是面对20世纪90年代的多个王室离婚丑闻，都是如此。她希望自己传承下去的是勇气、冷静和决心这些品质，她想在自己最喜爱的新闻剪报上以坚定的形象示人。

新闻在多年前就曾描写过她启动战舰的下水仪式："王后站在高台上与主教对话，向人群挥手致意。突然，她静静地出现在了海里，周围是破碎的船骸。"她想像那艘战舰一样高涨，想成为一个能在令人沮丧的生活废墟中勇敢前行的人。当她明确了自己想以怎样的方式被人缅怀时，她便以这种方式生活。

在王太后80岁寿辰的感恩仪式上，一个巨大的横幅在圣保罗大教堂临风招展，上面写着她的自我实现的预言："一切向好，万事万物俱佳。"21年后，王太后已经离世，但这些话语依旧可以总结她所留下的遗产。一些媒体开始称其为"勇气之母"。这恰好证实了王太后的女儿伊丽莎白二世女王所珍视的另一个道理："要真正衡量我们的所作所为，就要看这些行为的益处能够延续多久。"只要好好生活，就总能创造出超越我们生命的善举。

很久以前，这一概念就永存于王权的重要信条之中。人们当时普遍认为，英国的每一位国王或女王都是有着两副躯体的神秘合成生物：一副是他们的肉体，终有一天会迎来死亡；他们还有一副不死的躯体，不受时间、年龄和衰亡的影响。正是这具不会腐朽的躯体，也就是王权的神奇精神，将过往的英国君主们联结在了一起，让王权在这永不断裂的权力之链上，从一位称职的继承人手上无缝转移到下一位继承人的手上。因此，可以这样说，英国的君主无论是国王还是女王，他们一直都是永恒之王的化身①。也正因如此，每当一任君主的肉身离世时，都要有着这样的呼喊："先王已矣，我王永世。"这也解释了为什么伊丽莎白二世如此喜欢用"桥"这一形象指代自己去世后的安排。她的葬礼就是将我们与下一任君主联结起来的桥梁。

*

当尽职尽责地完成了此生的意义，那么死亡就从来不是尽头。桥梁会一直存在，联结着过去和未来。英国王室们曾经对凤凰这一神话形象有着共鸣，也是出于相同的原因；凤凰能够从灰烬中重生，这提醒着他们，死亡是自己流芳万世的开始，而非终结。对国王和女王是如此，对乞丐、邮差、机修工和全职妈妈也是如此。人类学家欧内斯特·德克尔（Ernest Decker）称其为"不朽计划"——你所选择的人生方式决定着你将留给世人的遗产。女王将其称为"假定"思维——她说，不要用过去的视角看问题，不要充满悔恨地"盯着死胡同"，而要看向未来数月、数年，甚至数代："并问'假如'。"

在孩子们的童谣中，伦敦桥也许会倒塌，但其也会被迅速重建，变得比之前更大更好。无论伊丽莎白二世活着还是死亡，她所代表的、为之努力的、坚决抵抗的、优雅割舍的、进行维护的，都会留存下来。在好好生

---

① 正因如此，王室葬礼从不降半旗，即便在君主离世时也是如此。如果降半旗，则意味着王权的死亡——在戴安娜王妃去世后，媒体公然无视了这一重要理念。媒体试图将自身的过错转嫁于他人，他们将公众的视线转移到了白金汉宫身上，称其为在伦敦的一幢所谓"麻木不仁"的建筑，都没有降半旗。不幸的是，易受骗的大众上了钩，逼迫女王进行了史无前例的退让：让白金汉宫的国旗降半旗。

活的过程中，她成为联结死亡的桥梁。无论发生什么，我们都可以站在那座桥梁上，重复着 60 多年前女王加冕仪式上那回响着的衷心祝愿。数千个欢欣鼓舞的声音在宣告："天佑伊丽莎白二世女王！伊丽莎白二世女王万岁！"

我们

比想象中

更伟大

我爱上了

当女王

的感觉……

　　　　　　　　　——洛德（Lorde）所唱的歌曲《王室贵族》

附 录

拥有女王范的 23 条法则

1. 不要情绪化进食

2. 给自己享受的机会

3. 要讲用餐礼仪

4. 饮酒时要适量

5. 在规矩中寻自由

6. 礼貌待人，同时要有时间观念

7. 保持良好体态，好的体态有好的影响力

8. 对自身天职鞠躬尽瘁

9. 无论年龄几何，玩乐时要像个孩子

10. 动起来，并非要去健身

11. 在大自然中重振精神

12. 绝不错过休息

13. 要面不改色

14. 可以做个乐观的鸵鸟

15. 要多从客观视角看问题

16. 可以开玩笑，但要知道何时闭嘴

17. 服务于他人

18. 即便被人讨厌，也能坦然面对

19. 忠于信仰

20. 好好保养脸蛋，但也要勇敢面对变老这件终将到来的事

21. 应当庆贺又添一岁

22. 像马麦酱一样接受改变

23. 成为连接未来的桥梁